ANDREAS NEMETH

SO MACHT VERKAUFEN RICHTIG SPASS!

BÜHNE FREI FÜR IHREN AUFTRITT

N-E-W Verlag

IMPRESSUM

NEW Verlag Andreas Nemeth, Bad Kissingen

Herstellung: Books on Demand GmbH, Norderstedt
Gestaltung: Claus Lehmann, Diessen am Ammersee
Umschlag: Wolf Scherner, Bad Kissingen

ISBN: 978-3-944638-02-7

Bibliografische Information der Deutschen Nationalbibliothek
Die Deutsche Nationalbibliothek verzeichnet diese Publikation in der Deutschen Nationalbibliografie; detaillierte bibliografische Daten sind im Internet über Hyperlink *http://dnb.d-nb.de* abrufbar.

INHALT SEITE

FSC
www.fsc.org
MIX

VORWORT

Kann Verkaufen denn überhaupt richtig Spaß machen? Das ist eine entscheidende Frage! Die Antwort unserer Seminarteilnehmer lautet eindeutig: JA! Und Verkaufen soll auch richtig Spaß machen, und zwar nicht nur den Kunden, sondern vor allen Dingen Ihnen, den Verkaufsberatern. Denn nur wenn es Ihnen Spaß macht, werden Sie auch Ihre Kunden begeistern. Das vorliegende Buch soll Ihnen einfach dabei helfen, Ihre Freude täglich zu erhalten und auszubauen. Um diesen Spaß auch genießen zu können, benötigen wir ein paar Faktoren. Und diese Faktoren sind:

1. Freude am Beruf
2. Freude am Umgang mit Menschen
3. Das Know How, um erfolgreich Kunden in möglichst allen Situationen des Verkaufs zu überzeugen und zu begeistern.

Und genau um diese drei Faktoren geht es in diesem Buch, mit dem ich Ihnen sehr viel Freude wünsche. Ich freue mich auch ganz besonders, wenn Sie mir über Ihre Erlebnisse mit diesem Buch und mit Ihren Kunden berichten.
Viel Spaß beim Lesen und Umsetzen wünscht Ihnen

Ihr Andreas Nemeth

BÜHNE FREI FÜR IHREN AUFTRITT!

BÜHNE FREI FÜR IHREN AUFTRITT!

Wundern Sie sich über diese Aufforderung? Schließlich sind Sie ja kein Showstar oder Schauspieler, sondern Verkaufsmitarbeiter, und der steht im Laden und nicht auf den Brettern, die die Welt bedeuten! Schon richtig, aber so groß ist der Unterschied zwischen diesen Berufen nun auch wieder nicht! Immerhin stehen auch Sie Tag für Tag im Rampenlicht – jedenfalls aus Sicht der Kunden.

Ob Sie bei Ihrem Publikum ankommen oder nicht, darüber entscheidet allein Ihr Auftritt. Je professioneller, umso größer die Zustimmung. Und mal ehrlich, ankommen wollen Sie doch wohl, sonst würde die Arbeit ja auch keinen Spaß machen. Auch dem Bühnenstar geht es nicht in erster Linie um die Gage, sondern um etwas anderes: beim Publikum ankommen, Applaus, Blumen, Bravo-Rufe – jedenfalls keine Tomaten und faulen Eier. Wer ankommt, dem macht sein Auftritt Spaß. Darum geht es hier!

Ach so, Sie fragen, welches Stück hier überhaupt gespielt wird? So viel darf ich Ihnen schon verraten: Es wird ein Happy End geben. Und der Titel des Stückes lautet:

„So begeistere ich mich persönlich!"

Ja, Sie haben richtig gelesen. Jetzt werden Sie fragen, wieso der Titel des Stückes, das Sie täglich in Ihrem Beruf spielen, nicht den Titel trägt: „So verkaufe ich erfolgreich!"

Die Antwort ist ganz einfach: Nur wer sich persönlich begeistern kann, wird auch erfolgreich verkaufen können. Und deshalb ist die Begeisterung, die Sie bei sich persönlich erreichen, die Grundlage all Ihrer Verkaufserfolge.

Die besten Verkaufsmethoden nützen Ihnen nichts, wenn Sie nicht in der Lage sind, sich persönlich zu begeistern. Allenfalls kommen auswendig gelernte und antrainierte Floskeln heraus, die Ihr Kunde, der heutzutage bestens aufgeklärt ist, sofort als solche entlarven wird. Wer heutzutage irgendetwas erfolgreich verkaufen möchte, sollte diese Begeisterung entfachen können. Denn Sie wissen ja selbst, dass wir uns nicht mehr in einem Bedarfsdeckungsmarkt, sondern in einem Bedarfsweckungsmarkt bewegen. Und wie weckt man am leichtesten Wünsche der Menschen? Man begeistert sie, das ist die einfache Antwort. Und wie begeistert man am schnellsten andere Menschen? Auch diese Antwort ist sehr simpel:

Begeistern Sie sich selbst und gestalten Sie einen professionellen Auftritt.

„Was gehört nun zu einem professionellen Auftritt? “, werden Sie fragen. Bevor ich Ihnen jetzt schon alles verrate, habe ich einen tollen Tipp für Sie: Lesen Sie am besten die nun folgenden Kapitel und schon erfahren Sie alles über einen professionellen Auftritt. Oder noch besser, bewaffnen Sie sich mit einem Bleistift, und notieren Sie sich gleich beim Lesen, welche Tipps Sie umsetzen möchten, um sich persönlich zu begeistern und um noch professioneller auftreten zu können.

Denn das beste Buch und die besten Tipps nützen nichts, wenn man diese dann nicht auch umsetzt. Sind Sie bereit für den kleinen Ausflug in die Welt der persönlichen Begeisterung und des professionellen Auftritts erfolgreicher Verkäufer? Prima, dann legen wir ganz einfach los!

SIE SIND DER MITTELPUNKT ALLEN HANDELNS!

Über diese Kapitelüberschrift staunen Sie wahrscheinlich. Denn wahrscheinlich haben Sie stattdessen erwartet: Der Kunde steht im Mittelpunkt allen Handelns! So haben Sie diese Aussage sicherlich schon des Öfteren gehört. Irgendwie ist das ja auch richtig. Andererseits ist es auch nicht richtig.

Das Ziel aller Bemühungen im Handel ist sicherlich der Kunde. Doch im Mittelpunkt des Geschehens stehen in erster Linie Sie. Denn ohne Sie, den Mitarbeiter oder die Mitarbeiterin passiert nun einmal recht wenig im Handel.

Der Einzelhandel ist ohne seine Mitarbeiter nichts wert.

Ja, lassen Sie sich diese Botschaft ruhig einmal auf der Zunge zergehen und genießen Sie Ihre Wichtigkeit.

Bei genauer Betrachtungsweise erkennen Sie auch die Richtigkeit dieser Botschaft. Am besten sehen Sie die Wirkungsweise dieser Botschaft, wenn Sie selbst einmal einkaufen gehen.

Was fällt Ihnen als erstes ins Auge, wenn Sie ein Geschäft betreten? Neben der Ware bemerken Sie mit Sicherheit die Mitarbeiter, die in diesem Geschäft stehen. Und was passiert mit Ihnen als Kunde in diesem Augenblick? Sie machen sich, ob Sie wollen oder nicht, einen Eindruck von diesen Mitarbeitern.

Sie überlegen in Bruchteilen von Sekunden, ob Ihnen die Mitarbeiter sympathisch sind oder nicht. Sollten Sie mir das nicht glauben, legen Sie das Buch einmal für ein halbes Stündchen zur Seite und suchen Sie ein Geschäft in Ihrer Nähe auf, oder achten Sie bei Ihrem nächsten Einkaufsbummel einmal auf Ihre Wahrnehmung. Ich verspreche Ihnen, es wird genauso ablaufen, wie ich es Ihnen soeben geschildert habe. Das garantiert Ihnen und mir unser antrainiertes Beurteilungsvermögen.

Natürlich spielt das Sortiment und die Einrichtung des Unternehmens eine Rolle bei der Beurteilung. Doch in erster Linie sind die Menschen, die in einem Unternehmen arbeiten, das Kriterium für unsere sekundenschnelle Beurteilung.

Nun stellen Sie sich einmal vor, Sie gingen in ein Geschäft und dort würden sämtliche Mitarbeiter an irgendwelchen Regalen herumhängen, Kaugummi kauen oder sich gegenseitig mit privaten Gesprächen beschäftigen. Was wären Ihre ersten Gedanken? „Oh, die sind hier aber sehr interessiert an den Kunden. Die scheinen ja mächtig Spaß an ihrem Leben zu haben." Oder eher der Gedanke: „Anscheinend haben die keine Lust, sich um Ihre Kunden zu kümmern." Ich nehme an, der zweite Gedanke wird bei Ihnen überwiegen. Hätten Sie dann noch große Lust jemanden anzusprechen und zu fragen, wo Sie dieses oder jenes finden. Ich glaube nicht. Wie wäre Ihre Kaufstimmung bei einem solchen Empfang? Sicherlich auch nicht besonders euphorisch.

Und genau so geht es jedem Kunden auf dieser Welt. Wenn sich ein Kunde entschlossen hat, in ein Geschäft zu gehen, registriert er mit scharfem Blick das Verhalten der Mitarbeiter. Dieses Registrieren hat enormen Einfluss auf seine Kaufstimmung. Besonders da, wo die kompetente persönliche Beratung zum Geschäftskonzept gehört, ist logischerweise die Erwartungshaltung an die Mitarbeiter entsprechend hoch.

Hierin liegt der Grund, weshalb Sie im Mittelpunkt des gesamten Geschehens stehen. An Ihnen macht der Kunde fest, ob ihm dieses Unternehmen zusagt oder nicht. Ist das nicht wunderbar? Endlich zu wissen, dass Sie der Erfolgskatalysator Ihres Unternehmens sind.

Zeigen Sie diese Zeilen besser nicht Ihren Einkäufern, sonst wären diese vielleicht verstimmt. Schließlich sind sie davon überzeugt, dass das Sortiment der entscheidende Erfolgsfaktor für das Unternehmen ist. Doch Sie und auch Ihre Einkäufer wissen natürlich, dass die Sortimente in den unterschiedlichen Branchen immer ähnlicher werden. Auch die Ladeneinrichtungen in den einzelnen Branchen gleichen sich immer mehr an. Der deutlichste Unterschied ist heute im professionellen Auftreten der Mitarbeiter und Mitarbeiterinnen in den einzelnen Unternehmen zu erkennen.

Ihren Chefs können Sie diese Zeilen natürlich gerne zeigen. Doch die werden sicherlich auch im ersten Moment stutzen und vielleicht werden Sie sogar argumentieren, dass nicht Sie, sondern Ihre Kunden der Mittelpunkt allen Handelns sind. Aus der Sicht Ihres Chefs ist das schon richtig! Doch wie bereits erklärt, sollte man einen Unterschied machen zwischen dem Ziel, das ein Unternehmen verfolgt, und dem Eindruck, den die Kunden von dem Unternehmen gewinnen. Das Ziel ist ganz klar: ein glücklicher und begeistert einkaufender Kunde. Doch den Hauptbeitrag zu dem Gesamteindruck eines Einkaufserlebnisses leisten Sie! Also steht und fällt das Erreichen des Unternehmenszieles mit Ihnen.

ICH BIN DIE NR. 1 DES ERFOLGS!

Ja, Sie sind die Nr. 1. Denn wer im Mittelpunkt des Geschehens steht, der ist auch letztendlich verantwortlich für den Erfolg des Geschehens. Das ist zum einen eine große Ehre, zum anderen natürlich auch eine große Herausforderung und Verantwortung. Denn das würde ja bedeuten, dass mit Ihnen das Wohl und Wehe Ihres Unternehmens verbunden ist. Aber genau das ist es!

Doch die Tatsache, dass Sie sich nun bewusst sind über die Bedeutung Ihrer Schlüsselposition, darf Sie aber nun auf keinen Fall ernst und verbissen werden lassen. Es gibt keinen Grund, in dieser Rolle eine Belastung zu sehen, im Gegenteil! Eines ist doch mehr als positiv: Sie sind total wichtig! Von Ihrer Person hängt vieles ab. Aber es kommt noch besser: Um Ihre Position optimal auszufüllen, brauchen Sie nur eines: Spaß!

Denn je mehr Spaß Sie an Ihrer Arbeit haben und je professioneller Ihr Auftreten dadurch ist, desto erfolgreicher wird sich Ihr Unternehmen im Markt behaupten können.

Eine Flut von Anbietern überschwemmt den Markt des gesamten Einzelhandels in Deutschland. Und wie Sie wissen, sind das nicht nur Anbieter aus deutschen Landen, sondern aus der gesamten Welt. Immer neue Anbieter gesellen sich hinzu. Dazu kommen neue Vertriebswege wie das Internet oder auch das Teleshopping. Das Rennen um die Kunden wird immer schneller, und jede Vertriebsform versucht mit immer neuen Serviceleistungen den Kunden zu umgarnen und für das eigene Unternehmen zu begeistern.

Die entscheidenden Fragen sind nun:

Wo bleibt dabei das Unternehmen, in dem Sie beschäftigt sind?

Wie kann sich Ihr Unternehmen am Markt behaupten?

Wer bleibt dabei auf der Strecke?

Darauf gibt es nur eine Antwort: Je besser sich ein Handelsunternehmen um seine Kunden kümmert, desto besser sind seine Chancen bei diesem Rennen nicht auf der Strecke zu bleiben, sondern als Sieger daraus hervorzugehen.

Und wie soll der Handel sich um seine Kunden kümmern? Die Antwort ist auch hier ganz einfach: Er sollte die Begeisterung seines Nr. 1 Faktors pflegen - und dieser Nr. 1 Faktor sind nun einmal Sie. Zwar kann ein Unternehmer nicht den ganzen Tag in seinem Geschäft herumlaufen und permanent darauf achten, dass seine Mitarbeiter und Mitarbeiterinnen immer begeistert sind. Aber genau das ist die Chance für Sie. Achten Sie ganz einfach selbst darauf, professionell und begeistert aufzutreten. Das lohnt sich vor allen Dingen für Sie persönlich. Wenn Sie nämlich tatsächlich in der Lage sind, sich selbst zu begeistern, verändert sich etwas Grundlegendes in Ihrem persönlichen Leben: Es bekommt eine ganz andere Qualität, es wird bunter, intensiver, fröhlicher und glücklicher.

Vielleicht denken manche jetzt: Das ist doch gar nicht meine Aufgabe! Soll mein Chef sich doch anstrengen, um mich zu motivieren! Das kann man vielleicht so sehen. Doch bei genauerer Betrachtung könnte sich auch ein anderes Bild ergeben.

Erst einmal ist natürlich der Unternehmer verantwortlich für seinen Betrieb. Dazu gehören eine Menge Aufgaben. Angefangen bei der Finanzierung über den Einkauf bis hin zu dem professionellen Werbeauftritt eines Unternehmens sind eine Menge Arbeiten und Entscheidungen notwendig, um ein Unternehmen erfolgreich durch die verschiedenen Phasen der Entwicklung zu steuern.

Damit ein Unternehmer all diese Aufgaben überhaupt bewältigen kann, benötigt er vor allen Dingen eines: die Menschen, die in diesem Unternehmen arbeiten. Genau auf diese Menschen kommt es in allen Bereichen des Unternehmens an. Denn bei aller Liebe kann ein Unternehmer nicht alles alleine machen. Aus diesem Grund ist es enorm wichtig, welche Menschen ein Unternehmen beschäftigt. Sind dies Menschen, die eigenverantwortlich und mit einer Menge Begeisterung Ihre Aufgaben bewältigen oder sind es eher Menschen, die mit weniger Spaß und Freude Ihre Aufgaben nach dem Motto „Dienst nach Vorschrift" verrichten.

An dieser Frage trennt sich die Spreu vom Weizen. Wenn sie sich nicht schon, auf Grund der in den letzten Jahren nicht ganz leichten Marktlage, getrennt hat.

Wer ist nun verantwortlich für den Erfolg des Unternehmens? Der Unternehmer oder die Mitarbeiter?

Beide natürlich. Denn ein Unternehmen funktioniert einfach nicht, wenn kein Unternehmer existiert, der bereit ist das finanzielle Risiko zu tragen und die wichtigsten Entscheidungen zu treffen. Doch genauso wenig funktioniert ein Unternehmen, wenn es nicht auch Mitarbeiter hat, die bereit sind über das normale Maß hinaus Engagement und Leistung zu bringen.

So ist ein Unternehmen eben nicht irgendein abstraktes Gewächs, das aus einem Gebäude und einem Unternehmer besteht, sondern es ist immer eine Gemeinschaft, die sich ausschließlich aus Menschen zusammensetzt. Und diese Menschen sind auf der einen Seite eben die Unternehmer und auf der anderen Seite die Mitarbeiter. Diese Gemeinschaft funktioniert nur optimal, wenn alle Beteiligten ihren Spaßfaktor in ihrem Leben erhöhen.

Und da dieses Buch nun einmal für Sie geschrieben ist und von Ihrem professionellen Auftritt handelt, appelliere ich eben an Sie. Und wenn Sie diesen Appell nicht nur nachvollziehen können, sondern ihn auch mit Leben erfüllen, sind und bleiben Sie die Nr. 1 in Ihrem Unternehmen.

Denn letztendlich ist jeder Mitarbeiter, genau an der Stelle, an der er oder sie steht, die Nr. 1. Immer vorausgesetzt, er möchte auch die Nr. 1 sein und seine persönliche Lebensqualität auch tatsächlich erhöhen.

Und da der Handel nun einmal von dem erfolgreichen Verkauf abhängt, erkennen Sie wahrscheinlich selbst, wie wichtig Ihre Aufgabe ist. Denn nur wenn es Ihrem Unternehmen wirklich gut geht und Sie tagtäglich gemeinsam große Erfolge erzielen, sichern Sie sich Ihren Spaß am Leben.

Ja, Sie haben richtig gelesen: Spaß am Leben! Jetzt werden Sie vielleicht fragen, was Arbeit und Spaß am Leben gemeinsam haben? Das erkläre ich Ihnen gerne.

Bis zu 70% des wachen Lebens verbringt eine Vollzeitkraft an Ihrer Arbeitsstelle. Das bedeutet, wenn wir die Schlafzeit abziehen sind wir bis zu 70% unseres Lebens damit beschäftigt unsere Existenz zu sichern, also zu arbeiten. Das mag für manche Leser eine erschreckende Zahl sein, doch es ist eben so. Bei genauerer Betrachtungsweise jedoch verliert diese Zahl Ihren Schrecken.

Gänzlich verschwunden ist der Schrecken, wenn Sie Ihre Arbeitszeit mit so viel Spaß und Freude verbringen wie möglich. Und Sie werden sehen, das ist ganz einfach. Sie müssten sich nämlich nur einmal bewusst machen, wessen Lebenszeit Sie in Ihren Geschäften verbringen. Ist es die Lebenszeit Ihrer Kunden? Ist es die Lebenszeit Ihrer Unternehmerinnen oder Unternehmer? Oder ist es die Lebenszeit Ihrer Kollegen und Kolleginnen? Sie kennen die Antwort schon.

Es ist einzig und alleine Ihre persönliche Lebenszeit.

Jede Sekunde, jede Minute und auch jede Stunde, die Sie in Ihren Geschäften verbringen, gehört ausschließlich Ihnen. Das bedeutet, dass Sie diese Zeit auch nutzen können, um Ihr Leben so begeistert wie möglich zu gestalten. Wenn Ihnen dieses Vorhaben gelingt, haben Sie auf jeden Fall schon einmal 70% Ihres Lebens begeistert und freudig verbracht. Anders ausgedrückt bedeutet dies, dass jeder der während seiner Arbeitszeit keinen Spaß hat und vielleicht sogar Frust empfindet, dafür sorgt, dass er bis zu 70% seiner Lebenszeit gefrustet ist. Und das wäre doch wirklich schade!

Es ist also eine klare Sache: Nutzen Sie Ihre Arbeitszeit, um so viel Freude wie möglich zu erleben. Und der einfachste Weg diese Freude zu erlangen, ist, dafür zu sorgen, dass alle Beteiligten an diesem Spiel mit Ihnen gemeinsam Freude haben.

Die Beteiligten sind natürlich Ihre Unternehmer, Ihre Kollegen und vor allen Dingen Ihre Kunden. Denn wenn diese Beteiligten Freude und Spaß haben, strahlt dies unweigerlich auf Sie zurück. Somit schließt sich der Kreis und Sie kommen wieder in den Genuss Ihrer eigenen Freude. Am meisten machen Sie Ihren Kunden Freude, wenn Sie diese begeistert beraten und mit Ihrem professionellen Auftritt verzaubern. Wenn Ihnen das tatsächlich gelingt, wovon ich überzeugt bin, dann demonstrieren Sie auch allen anderen Beteiligten, dass Sie die Nr. 1 in Ihrem Unternehmen sind.

IHR BEITRAG ZUM ERLEBNISSHOPPING!

Das neue Schlagwort der Branche lautet:

Erlebnisshopping

Was verbirgt sich hinter dieser neuen Wortkreation? Und vor allen Dingen, wie stelle ich mich darauf ein?

Schauen wir uns das Wort einmal genauer an. Da ist zum einen das Wort Erlebnis enthalten. Der Wahrig, das deutsche Wörterbuch, definiert Erlebnis folgendermaßen:

Eindrucksvolles, aufregendes und freudiges Ereignis.

Genau das soll ein Besuch in Ihrem Hause für Ihre Kunden sein. Auf jeden Fall eindrucksvoll, vielleicht sogar ein bisschen aufregend und unbedingt freudig. Der Begriff Shopping ist klar: Das bedeutet übersetzt nichts anderes als Einkaufen. Also muss man sich unter Erlebnisshopping nichts anderes vorstellen als ein eindrucksvolles und Freude auslösendes Einkaufsereignis. Daran schließt sich dann die Frage an, wie man solch ein Ereignis kreiert.

Natürlich gehören zeitgemäße, interessante Sortimente, traumhafte Warenpräsentationen, spannende und unterhaltsame Aktivitäten und eine Atmosphäre ausströmende Ladengestaltung dazu. Das sind sozusagen die Hausaufgaben, denen sich ein Unternehmen heutzutage unterziehen müsste.

Doch in allererster Linie können begeisterte Mitarbeiter in den einzelnen Unternehmen den Funken auf den Kunden überspringen lassen, also:

Sie sind der Erlebnisshoppingfaktor!

Erst wenn die Mitarbeiter in einem Unternehmen den Begriff Erlebnis im wahrsten Sinne des Wortes mit Leben erfüllen, hat das Wort Erlebnisshopping auch seine Berechtigung.

Wie ist es denn, wenn Sie selbst einkaufen gehen. Erleben Sie dann in den meisten Fällen Erlebnisshopping oder eher nicht? Momentan sieht es oftmals leider noch nicht so nach Erlebnisshopping aus. An den Kassen der Lebensmitteleinzelhändler sitzen relativ selten Kassiererinnen die ihren Kunden mit strahlenden Augen das Geld abknöpfen. In Elektronikfachmärkten begegnet man selten Mitarbeitern, die den Eindruck hinterlassen, den Kunden jeden Wunsch von den Augen ablesen zu wollen. In Baumärkten sucht man oftmals vergebens nach Mitarbeitern, die einem weiterhelfen können, geschweige denn bereit sind, einem ein freudiges Erlebnis zu vermitteln.

Und genau das ist Ihre Chance. Das ist die Chance sich abzuheben von dem riesengroßen Angebot des Marktes. Und vor allen Dingen die Chance für Sie persönlich, selbst ein begeistertes Leben zu führen. Denn Sie müssen nur genau das tun, was Sie oftmals in anderen Unternehmen vermissen. Sie brauchen also nur mit strahlenden Augen Ihre Kunden an der Kasse begrüßen, Ihren Kunden die Wünsche von den Augen ablesen und jeden Einkauf Ihrer Kunden zu einem freudigen und unvergesslichen Erlebnis werden zu lassen. Die Auswirkung wäre neben dem gestiegenen Umsatz folgende:

Ihre Kunden fangen an Sie zu begeistern!

Wäre das nicht geradezu sensationell? Sie motivieren Ihre Kunden, damit diese Sie begeistern.

Klingt irgendwie einfach, oder? Sie sind skeptisch und meinen, das sei gar nicht immer so einfach? Da muss ich Ihnen gewissermaßen Recht geben. Denn wirklich jeden Tag voller Enthusiasmus, mit strahlenden Augen im Geschäft zu stehen, den Kunden mit einer freudigen Mimik zu begrüßen, ihm auch noch fast jeden Wunsch von den Augen abzulesen und jeden Einkauf zu einen unvergesslichen Einkaufserlebnis werden zu lassen, ist schon eine Menge Arbeit, die man von Ihnen verlangt.

Aber der Einsatz lohnt sich für Sie ganz persönlich und ich will Ihnen auch verraten, warum. Wenn Sie tatsächlich in der Lage sind, Ihre Kunden wie oben beschrieben zu begeistern, ziehen Sie nicht nur eine Menge neue Kunden in Ihr Unternehmen, sondern erziehen Ihre Kunden unweigerlich zu absoluten Freudespendern. Ja, Sie erziehen Ihre Kunden. Das funktioniert folgendermaßen:

Eine tief verwurzelte menschliche Verhaltensweise wird auch in dem Sprichwort beschrieben: „Wie man in den Wald hineinruft, so schallt es heraus". Das heißt: Wenn Sie, wie eben gesagt, Ihren Kunden voller Begeisterung entgegentreten, bleibt Ihren Kunden nichts anders übrig, als sich auch Ihnen gegenüber freudig und begeistert zu zeigen. Denn als „Miesepeter" fühlt man sich in einer so freudigen Umgebung einfach nicht mehr wohl. Reklamationen und Beschwerden werden rapide abnehmen, wenn es Ihnen gelingt Ihren Kunden ein echtes Einkaufserlebnis zu vermitteln. Nörgelnde Kunden wird es so gut wie nicht mehr bei Ihnen geben. Aber keine Angst, die nörgelnden Kunden werden nicht zur Konkurrenz laufen, sondern sich zum größten Teil von Ihrer Begeisterung anstecken lassen. Sollten Sie mir das nicht glauben, probieren Sie es einfach einmal eine Zeit lang aus und Sie werden sich dadurch selbst beweisen, dass es genauso funktioniert.

Sehr schön kann man diesen Vorgang zum Beispiel auf der Urlaubs- oder Geschäftsreise in Hotels oder Restaurants erkennen. Hat man beispielsweise das Pech in einem Hotel oder Restaurant, mit einem weniger vorbildlichen Service gelandet zu sein, dann stellt man unweigerlich fest, dass nicht nur die Mitarbeiter, sondern auch die Gäste nicht allzu freundlich dreinblicken. Beschwerden über das Essen oder über die Zimmer häufen sich in solchen Häusern. Ist man allerdings in der glücklichen Lage in einem Restaurant oder Hotel mit einem vorbildlichen Service untergekommen zu sein, stellt man fast ohne Ausnahme fest, dass nicht nur die Mitarbeiter sondern auch die Gäste vor Zufriedenheit von innen heraus strahlen. Man hört so gut wie keine Beanstandungen und alle Beteiligten erleben in diesen Häusern eine entspannte, harmonische Zeit.

Da ich persönlich die meiste Zeit des Jahres in Hotels verbringe, fällt mir dieser Unterschied immer wieder auf. Gott sei Dank habe ich meistens das Glück in Hotels zu sein, die mit freundlichen Mitarbeitern Ihre Gäste verwöhnen. Doch ab und zu passiert es auch, dass ich ein Hotel mit weniger freundlichen Mitarbeitern erwische. Doch statt mich zu ärgern, empfinde ich in diesen Fällen eher Mitleid mit den Mitarbeitern, die sich selbst so etwas antun. Denn ich überlege mir jedes Mal, wie furchtbar es ein muss, in solch einer Atmosphäre bis zu 70% seines Lebens verbringen zu müssen.

Die Gäste haben es da ja noch gut. Denn die können meistens nach einigen Tagen wieder abreisen. Doch die Mitarbeiter können in der Regel nicht so schnell das Hotel verlassen. Und es würde wahrscheinlich auch nichts nützen, da sie andernorts durch ihre Lustlosigkeit ebenfalls eine düstere Stimmung verbreiten.

Es liegt also in Ihrem ureigenen Interesse, Ihren Kunden ein wirkliches Einkaufserlebnis zu bieten. Und damit ist auch die Frage beantwortet, wie Sie das anstellen sollen. Sorgen Sie einfach dafür, dass Sie selbst jeden Tag von morgens bis abends begeisternde Erlebnisse mit Ihren Kunden haben. Denn dann stellt sich ganz automatisch der richtige Geist für Ihre Kunden und vor allen Dingen für Sie persönlich ein.

Welche Methoden, Tricks und Tipps Ihnen dabei helfen Ihren Kunden zu begeistern, das erfahren Sie in den nun folgenden Kapiteln.

WIRKEN SIE DURCH IHRE ERSCHEINUNG!

WIRKEN SIE DURCH IHRE ERSCHEINUNG!

Bühne frei für Ihren Auftritt! – Jeder Bühnenkünstler weiß: Es kommt nicht nur darauf an, was er dem Publikum vorträgt, es kommt auch ganz entscheidend darauf an, wie er es verpackt. Die äußere Erscheinung muss stimmen, soll die Show perfekt gelingen. Oder anders gesagt: Das Auge isst mit!

Das heißt für Sie: Das erste, was Ihr Kunde von Ihnen wahrnimmt, ist Ihre äußere Erscheinung. Und um die geht es in den folgenden Kapiteln. Sie alle kennen sicherlich das Sprichwort:

Der erste Eindruck ist der Beste!

Ob dieses Sprichwort stimmt oder nicht, lassen wir einmal im Raum stehen. Auf jeden Fall meinen viele Zeitgenossen, dass dem so ist. Demnach denken auch Ihre Kunden so. Und darauf sollte man sich einstellen, wenn man heutzutage Kunden begeistern möchte. Ein anderes Sprichwort sagt:

Nach dem ersten Eindruck bekommt man keine zweite Chance!

Das möchte ich nicht unbedingt so stehen lassen, da Sie nach dem ersten Eindruck meines Erachtens noch eine Menge an Chancen erhalten. Allerdings ist es schwer den ersten Eindruck wieder auszubügeln, wenn dieser nicht so gelungen war. Das ist vielleicht die Teilwahrheit in diesem zweiten Sprichwort.

Wie entsteht nun dieser erste Eindruck? Das ist eben so eine Sache. Zum einen Registrieren die Augen des Kunden gewisse äußere Anzeichen. Dazu gehören zum Beispiel Ihre Kleidung, Ihre Körperhaltung, Ihre Frisur, eben Ihr gesamtes äußeres Erscheinungsbild. Doch die Augen des Kunden sind es nicht alleine, die für den ersten Eindruck sorgen. Dazu gesellt sich nämlich noch etwas, womit Sie nicht gerechnet haben: Das Unterbewusstsein Ihrer Kunden. Dieses Unterbewusstsein ist zum einen eine sehr komplizierte Angelegenheit und zum anderen eine sehr einfach wirkende Entscheidungsmaschine.

Am besten stellen Sie sich das Unterbewusstsein einmal als kleines Männchen vor, das Ihrem Kunden aus dem Bauch heraus gewisse Botschaften vermittelt. Dies könnte folgendermaßen ablaufen:

Ein Kunde betritt irgendein Geschäft und erblickt den einsatzbereiten Verkäufer. Dieser steht gelangweilt an einem Rundständer angelehnt, seine fettigen Haare und der etwas vergammelte Anzug machen nicht gerade den besten Eindruck in der sonst so gepflegten Ladenumgebung. Eine Hand steckt in der Hosentasche, während die andere Hand den Rundständer festhält. Diese Botschaft nimmt der Kunde mit seinen Augen auf und sendet sie in Bruchteilen von Sekunden an sein Unterbewusstsein. Das Unterbewusstsein verknüpft diese Botschaft mit irgendwelchen Erfahrungen aus der Vergangenheit und sendet folgende Nachricht an das Gehirn des Kunden.

„Hey dieser Typ, sieht nicht nur furchtbar aus, sondern allem Anschein nach hat er auch keine Lust." Diese Nachricht hat natürlich enorme Auswirkungen auf die Einkaufsstimmung unseres Kunden. Wie Sie sich denken können, tendiert die Einkaufslust hier schon gegen Null, ohne dass der Kunde auch nur ein Wort mit unserem Verkäufer aus diesem Beispiel gesprochen hat. Doch warten Sie ab, es kommt noch schlimmer.

Neben der Botschaft, über das äußere Erscheinungsbild, sendet das Unterbewusstsein auch noch folgende Nachricht an das Gehirn unseres Kunden: „Und außerdem erinnert mich dieser Typ an einen ganz unangenehmen Bekannten, der uns vor einigen Jahren einmal übers Ohr hauen wollte. Also trau diesem Typ keinen Millimeter weit!" Und genau so verhält sich der Kunde nun während das gesamten

Verkaufsgespräches, das sich trotz dieses ersten Eindrucks noch entwickelte.

Jetzt werden Sie fragen wieso das Unterbewusstsein diese Verknüpfung mit einem Menschen, der vor Jahren Kontakt mit unserem Kunden hatte, herstellt. Die Antwort ist:

Jeder Kontakt und auch jedes Erlebnis in unserem Leben wird unwiderruflich in unserem Unterbewusstsein gespeichert. Begegnet uns nun einige Zeit später ein Mensch, der uns an die frühere Begegnung erinnert, werden wie von einem Computer sämtliche gespeicherten Daten verglichen und das Unterbewusstsein sendet uns die Erfahrung aus unserer Vergangenheit. Auf diese Art und Weise entsteht übrigens auch Sympathie und Antipathie.

Jetzt können Sie sich natürlich nicht immer mit Ihrem Erscheinungsbild auf die Erfahrungen der jeweiligen Kunden einstellen. Ob Sie also auf Ihre Kunden sympathisch wirken oder nicht, das können Sie sicherlich nicht so ohne weiteres beeinflussen. Einige wichtige Faktoren der äußeren Erscheinung können Sie aber schon zu Ihren Gunsten beeinflussen. Und genau diese Faktoren können Sie sich in dem nächsten Kapitel einmal ansehen.

EINE HALTUNG, DIE BEGEISTERT!

Falls Sie schon einmal an einem Körperspracheseminar teilgenommen haben, war sehr wahrscheinlich der erste Satz, den Sie hörten:

Der Körper kann nicht lügen!

Wenn dem so ist, dann brauchen Sie sich um Ihre Körpersprache keine Gedanken machen. Und ich kann Ihnen verraten, dass dem wirklich so ist. Ihr Körper strahlt immer das aus, was in Ihnen vorgeht. Wenn Sie also denken: „Oh Gott jetzt kommt dieser Kunde schon wieder!“, dann strahlt ihr Körper auch diesen Gedanken aus. Sollten Sie allerdings denken: „Oh, toll da kommt mein Lieblingskunde!“ dann strahlt Ihr Körper eben genau diese frohe Botschaft aus.

Sehen Sie, so einfach funktioniert die Körpersprache. Und das Schöne ist: anders als bei Fremdsprachen beherrscht man sie von Natur aus. Doch erschrecken Sie jetzt nicht! Nicht jeder Kunde sieht Ihnen sofort an der Nasenspitze

Ihre Gedanken an. Zumindest sieht er Ihre Gedanken nicht bewusst. Unbewusst nimmt der Kunde sie allerdings schon wahr. Dieses Phänomen konnten Sie sicherlich schon bei sich selbst beobachten.

Bestimmt hatten Sie in Ihrem Leben schon Begegnungen mit anderen Menschen, bei denen offensichtlich alles wunderbar war. Der Mensch mit dem Sie zusammentrafen hat sich Ihnen gegenüber höflich, freundlich und zuvorkommend benommen. Er hätte Ihnen also nur angenehme Gefühle vermitteln müssen. Doch irgendetwas in Ihnen rebellierte gegen diese angenehmen Gefühle. Irgendwie wollten sich bei Ihnen keine positiven Gefühle einstellen. Manchmal fühlten Sie sich sogar unangenehm berührt, ohne sich das rational erklären zu können. Ihr Gesprächspartner gab sich doch solch große Mühe. Doch in diesem Fall hatten Ihre Gefühle wahrscheinlich recht. Denn sie empfingen die feinsinnigen Körpersignale Ihres Gesprächspartners und die waren vielleicht nicht so positiv, wie er dies Ihnen gegenüber versuchte zu signalisieren. Das muss nicht immer mit irgendwelchen schlechten Gedanken des anderen zu tun gehabt haben, sondern kann zum Beispiel an seiner schlechten Verfassung oder an seiner Anspannung gelegen haben. Was auch immer der Grund war, Sie konnten diese Unstimmigkeit jedenfalls empfangen.

Bei Menschen, die Sie sehr gut kennen, also beispielsweise bei Ihrem Partner, Ihren Kindern oder Ihren Eltern, fällt Ihnen dies meist schon sehr bewusst auf. Wenn diese Menschen versuchen Ihnen etwas vorzuspielen, merken Sie dies meistens an deren Körpersignale. Kleinste Veränderungen, die Sie bei fremden Menschen sonst nicht wahrnehmen würden, fallen Ihnen bei nahe stehenden Personen sofort auf. Das Fachwort hierfür heißt „kalibrieren".

Sie haben sich auf diese Menschen kalibriert bzw. eingestellt. Aus diesem Grund nehmen Sie die so genannten Mikrokörpersignale sehr bewusst war, die einem fremden Beobachter wahrscheinlich entgehen. Sie wissen einfach, welche Gefühlszustände bei einem nahe stehenden Menschen auf welche Art und Weise signalisiert werden. Manchmal wissen Sie es sogar besser, als dieser Mensch selbst. Soweit in die Tiefe reicht der Blick Ihrer Kunden in den meisten Fällen nicht.

So zeichnet sich ab, dass es letztendlich nur einen Weg gibt, um seinen Kunden begeisternde Körpersignale zu senden: Denken Sie einfach gut über Ihre Kunden und schon produzieren Sie automatisch gute Körpersignale.

Das alleine reicht allerdings nicht ganz. Da Ihr Körper permanent alles ausstrahlt, was in Ihnen abläuft, sollten Sie sich auch noch Gedanken über Ihr Sortiment, Ihr Unternehmen und nicht zuletzt auch noch über sich selbst machen. Sollten Sie beispielsweise Ihr Sortiment nicht gut finden, negativ über Ihr Unternehmen denken oder vielleicht sogar gar nichts von Ihrem Unternehmen halten, strahlt dies Ihr Körper eben auch aus. Dies gilt natürlich ebenso für Ihre Meinung über Ihre eigene Person. Im Klartext bedeute dies: Wenn Sie von sich nichts halten, wird Ihr Körper eben diese Botschaft aussenden: ich halte nichts von mir. Aber so ein Gedanke ist natürlich Gift für Ihre persönliche Stimmung und damit auch für Ihre Ausstrahlung. Ihr Auftritt würde aufgrund dieser via Körpersprache ausgedrückten Unsicherheit ziemlich schief gehen. Dagegen hilft nur eines:

Kontrollieren Sie Ihre Gedanken!

Doch wie kontrolliert man seine Gedanken? Das Beste ist, Sie gewöhnen sich eine grundsätzliche Denkweise an, die Sie von der permanenten Kontrolle Ihrer Gedanken entbindet. Sie fragen welche Denkweise? Die Antwort ist auch hier relativ einfach. Konzentrieren Sie sich auf alles, was Ihnen Spaß und Freude bereitet. Sobald Sie das tun, zeigen Sie automatisch freudige Körpersignale.

Jetzt denken Sie vielleicht: Ich kann mich doch nicht nur noch auf das konzentrieren, was mir Spaß und Freude bereitet. Bei den vielen Kunden, die mir auf die Nerven gehen, bei den vielen Lücken und Schwächen im Sortiment und bei all den Mängeln in unserem Unternehmen. Mit diesen Gedanken mögen Sie durchaus Recht haben, doch sie nützen Ihnen wenig, wenn Sie wirklich eine begeisternde Körpersprache bekommen wollen. Denn in dem Moment, in dem Sie sich zum Beispiel auf die Schwächen Ihres Sortiments konzentrieren, strahlen Sie dieses Missfallen auch aus. Wenn Sie sich auf die „Macken“ Ihrer Kunden konzentrieren, strahlen Sie die für Sie damit verbundene Gereiztheit eben aus.

Genauso ist es mit der Art, wie Sie über sich denken. Konzentrieren Sie sich zu sehr auf Ihre Schwächen und Ihre Fehler, strahlt Ihr Körper eben genau dies aus. Machen Sie Schluss mit diesen Gedanken und konzentrieren Sie sich, zumindest solange Sie in Ihrem Geschäft sind, auf all die Dinge, die Sie weiterbringen. Fokussieren Sie sich auf die Kompetenz in Ihren Sortimenten, auf die Stärken Ihres Unternehmens und natürlich auf Ihre eigenen Fähigkeiten und Stärken. Wenn Sie diesen Tipp wirklich in die Tat umsetzen, dann ergibt sich von allein die Körpersprache, die Sie für einen begeisternden Erstkontakt benötigen. Als Einstimmung darauf nehmen Sie sich die folgenden Fragen vor und beantworten Sie diese – am besten mit enormer Begeisterung.

Welche Stärken hat unser Unternehmen?

....

....

....

Was schätze ich an unseren Kunden?

....

....

....

Was ist das besondere an unseren Warensortimenten?

....

....

Welche Fähigkeiten besitze ich?

....

....

....

Diese Checkliste sehen Sie sich ab jetzt jeden Tag einmal an, damit Ihnen Ihre Gedanken in Fleisch und Blut übergehen.

Sollten Sie Bedenken haben, dass Sie mit dieser Art der Körpersteuerung, nichts mehr in Ihrem Leben, in Ihrem Unternehmen oder an Ihren Sortimenten verbessern werden, kann ich Sie beruhigen. Denn gerade aus den Stärken heraus, entwickeln Menschen und auch gesamte Unternehmen bedeutend schneller kontinuierliche Verbesserungsprozesse.

Es ist ja auch logisch, dass man mit bedeutend mehr Freude an gewisse Optimierungsprozesse geht, wenn man sich seiner persönlichen oder auch der Stärken des Unternehmens bewusst ist.

Neben den unbewussten gibt es allerdings auch noch bewusste Körpersignale, die Sie gezielt einsetzen können, um Ihre Kunden gleich von Anfang an zu begeistern. Die klassische Verkäuferhaltung mit den Händen auf dem Rücken ist sicherlich mittlerweile passé. Wichtig ist, dass Sie Ihre Hände möglichst in Hüfthöhe halten und somit signalisieren, dass Sie offen und bereit für Ihre Kunden sind. Das (bequeme) Anlehnen an Ständer und Tresen sollten Sie besser vermeiden, da dies nicht den allzu dynamischsten Eindruck hinterlässt. Wenn Ihr Kunde auf die Abteilung oder in Ihr Geschäft kommt, sollten Sie möglichst auch ein paar Schritte oder wenigstens andeutungsweise auf ihn zugehen und nicht wie angewurzelt stehen bleiben. Immer wenn Menschen auf uns zu gehen fühlen wir uns herzlicher empfangen, als wenn dieser Mensch an seinem Platz stehen bleibt und wir, wie in der Schule oder bei der Armee, auf den uns Vorgesetzten zugehen müssen. Auch das ist eine Sache der Emotionen und Gefühle, die Sie bei Ihren Kunden unterschwellig auslösen.

Und wenn Sie diese Tipps anwenden, dann haben Sie schon den ersten entscheidenden Schritt zu einem professionellen Auftritt vollzogen. Um Ihre Mimik und um Ihre Gestik kümmern wir uns in den nächsten beiden Kapiteln.

Doch bevor wir uns diesen Kriterien der Körpersprache zuwenden, betrachten wir noch ein weiteres wichtiges Kriterium, dass zwar nicht direkt zur Körpersprache gehört und doch ganz entscheidend zum Gesamteindruck beiträgt: Ihre Kleidung!

Kleider machen Leute!

Sicherlich kennen Sie diesen Ausspruch. Nicht jeder möchte diese Aussage unterschreiben und das möchte ich auch gar nicht. Doch möchte ich Ihnen gerne einmal schildern, welchen enormen Einfluss auch Ihre Kleidung auf das Unterbewusstsein Ihrer Kunden hat.

Stellen Sie sich einmal vor, ein Vermögensberater hat mit Ihnen einen Termin vereinbart. Sie haben diesen Berater noch nie vorher gesehen, denn er hat diesen Termin mit Ihnen am Telefon ausgemacht. Als Sie am Abend die Tür öffnen, um Ihren Vermögensberater herein zulassen, fallen Sie aus allen Wolken. Vor Ihnen steht ein Mensch mit ungekämmten Haaren, zerzaustem Bart, schmutzigem Mantel. Das Hemd, das er trägt, ist mit einem Triangel verziert und die Hose ist unten ausgefranst. Seine Schuhe haben keine Schnürbändel und nur ein Bein ist mit einem Socken bedeckt. Das andere Bein können Sie unter der zu kurz geratenen Hose unbedeckt erblicken. Die Fingernägel sind abgekaut und statt einer Aktentasche führt er eine Plastiktüte mit sich.

Was geht Ihnen durch den Kopf? „Oh, das scheint aber ein sehr seriöser und erfolgreicher Berater zu sein!“ Das denken Sie wahrscheinlich gerade nicht. Werden Sie ihm Ihr Geld anvertrauen oder werden Sie möglichst versuchen ihn an der Tür abzuwimmeln? Sehr wahrscheinlich wählen Sie die zweite Variante meines Vorschlags.

Schauen Sie und gerade das war Ihr Fehler. Denn der von mir beschriebene Herr ist der erfolgreichste und kompetenteste Vermögensberater, den Sie überhaupt finden konnten. Sie zweifeln an meiner Aussage? Ehrlich gesagt, das kann ich verstehen. Ich würde ihn wahrscheinlich auch nicht gerade zu meinem Vermögensberater machen. Und wahrscheinlich gibt es so einen Vermögensberater auch gar nicht.

Ich habe Ihnen diesen Mann nur einmal so drastisch geschildert, damit Sie spüren, was Kleidung alles bei uns Menschen bewirken kann. Jetzt müssen Sie nicht wie Claudia Schiffer oder Wolfgang Joop durch die Gegend laufen, um einen guten

Eindruck zu machen. Doch sollten Sie schon ein wenig auf Ihr äußeres Erscheinungsbild achten.

Je nachdem in welcher Branche Sie tätig sind, sollten Sie zum einen dem Geschäftsniveau entsprechend gekleidet sein. Doch vor allen Dingen sollten Sie sich selbst als wertvoll genug erachten, um auf Ihr eigenes Outfit Wert zu legen.

Sollten Sie in der Modebranche arbeiten ist es sicherlich sinnvoll, dass Sie durch Ihre Kleidung zeigen, dass Sie Geschmack haben und sich auf der Höhe der Zeit bewegen. Sind Sie dagegen in einem Möbelhaus engagiert, brauchen Sie sicher nicht nach dem neuesten Modelook gestylt zu sein. Doch wenn Ihr Anzug eher den Eindruck hinterlässt, dass er den letzten Weltkrieg miterlebt hat oder Ihre Kleidung eher in eine Punkclique passt, dürfen Sie sicherlich nicht wundern, wenn Kunden Ihnen nicht so recht glauben, dass dieses Möbelstück die bestehende Einrichtung aufs Feinste ergänzen soll. Denn durch Ihre Kleidung signalisieren Sie, ob Sie wollen oder nicht, eben auch Kompetenz und Vertrauen. Und wer auf sein Äußeres nicht so viel Wert legt, dem traut man nicht so viel zu – ganz einfach!

Ich denke, über Körperpflege, Haarpflege und Körpergerüche brauchen wir uns in diesem Buch nicht zu unterhalten. Denn dass Sie in diesem Bereich ebenfalls eine Topausstrahlung brauchen, ist Ihnen sicherlich längst bewusst. Denn es wäre ja schlimm, wenn Ihre Kunden Sie nicht einmal riechen könnten, oder?

Sollten Sie den Kleidertipps eher kritisch gegenüber stehen, dann gönnen Sie sich doch einfach einen Einkaufsbummel und probieren Sie bei Ihren Kollegen und Kolleginnen der Modebranche einmal ein paar besonders schicke Sakkos, Anzüge oder Kleider an. Achten Sie bereits beim Anprobieren auf Ihr Gefühl und Sie werden feststellen, auch wenn Sie eher zu den Modemuffeln gehören, dass ein schickes Outfit auch Ihrem Gefühlsleben schlicht und einfach gut tut.

Manchen Menschen hilft es sogar ein bisschen das eigene Selbstwertgefühl anzuheben. Das ist sicherlich nicht der Hauptgrund für ein gepflegtes Aussehen, doch eventuell ein kleiner Nebeneffekt, der sich mit einschleicht. Allerdings sollten Sie es mit dem schicken Outfit auch nicht übertreiben. Wer zu geschniegelt und zu herausgeputzt wirkt, erscheint oftmals auch arrogant. Wie gesagt, es muss passen – zu Ihrem Typ, zu Ihrer Statur, zum Ambiente und zum Anlass.

Wenn Sie ohnehin schon zu den gut angezogenen Menschen gehören, dann zeigen Sie dieses Kapitel einfach Ihren Kollegen, die es vielleicht noch nötig haben. Damit Ihr Wink mit dem Zaunpfahl nicht so auffällt, empfehlen Sie am besten das ganze Buch. Aber aufgepasst – auch hier ist Diplomatie gefragt. Doch Spaß beiseite. Ich denke in diesem Kapitel sind für jeden Menschen einige Tipps ganz nützlich, denn:

Nobody is perfect!

Oder sehen Sie das anders? Wenn gerade Sie perfekt sind, dann melden Sie sich bei mir. Ich bin schon ganz gespannt einen perfekten Menschen kennen zu lernen.

Ein weiterer wichtiger Aspekt der Körpersprache und Ihrer Ausstrahlung ist der Abstand, den Sie zu Ihrem Kunden halten. Damit ist die Distanz gemeint, die zwischen Ihnen und Ihrem Kunden liegt. Ist diese Distanz zu gering, dann werden Sie sehr schwer Ihre Waren an den Mann oder die Frau bringen. Ist die Entfernung zwischen Ihnen beiden allerdings zu weit, wird es schwierig sein eine gemeinsame Vertrauensbasis aufzubauen.

Das Problem bei diesem Thema ist, dass wir beim Abstand oftmals zu sehr von unserem Empfinden ausgehen. Und wie ich immer wieder in meinen Seminaren bei der Abstandsübung merke, sind die angenehmen Abstände zwischen zwei Menschen doch sehr unterschiedlich. Der eine mag es gerne sehr nahe an seinem Partner zu stehen, andere Teilnehmer bevorzugen eine weitere Distanz. Lieben Sie es zum Beispiel gerne nahe an Ihren Gesprächspartner zu stehen, dann heißt das noch lange nicht, dass dieser Abstand Ihrem Gesprächspartner auch angenehm ist. Bemerken Sie allerdings nicht, dass Sie Ihrem Kunden zu sehr auf die Pelle gerückt sind, sendet sein Unterbewusstsein sofort weniger erbauliche Signale an das Bewusstsein: „Nichts wie raus hier!“ oder „Hier bedroht uns jemand!“ wären solche Signale. Sie können sich unschwer vorstellen, dass mit diesen Gefühlen, ein Verkaufsgespräch nicht allzu leicht werden wird. Welche

Regel hilft uns nun den richtigen Abstand zu finden? Die Antwort ist: Es gibt keine Regel! Denn wie bereits erwähnt, sind die Empfindungen über den richtigen Abstand von Mensch zu Mensch sehr unterschiedlich. Allerdings gibt es einen Tipp, der Ihnen helfen wird, stets den für den Kunden richtigen Abstand zu finden. Dazu benötigen Sie nur ein Instrument, Ihre Aufmerksamkeit.

Beobachten Sie Ihre Kunden, während Sie mit ihnen sprechen. Denn Ihre Kunden signalisieren mit einer ungemeinen Präzision den jeweils angenehmen Abstand. Solange Ihr Kunde auf Sie zugeht, zeigt er Ihnen sehr deutlich, dass er näher mit Ihnen zusammenkommen möchte. Startet Ihr Kunde allerdings seinen Rückwärtsgang, bedeutet dieses Verhalten, dass Sie ihm zu nahe auf die Pelle gerückt sind. Hier heißt es dann Ihrerseits den Rückwärtsgang einzulegen und den Kunden zu beobachten. Ab welcher Distanz stoppt sein Rückwärtsgang und ab wann lockern sich seine Körpersignale. Rückwärtsgang bedeutet hier nicht, dass Ihr Kunde oder auch Sie mit großen Schritten auseinander driften. Rückwärtsgang bedeutet, dass sich Ihr Gegenüber mit kleinen Schritten oder sogar nur mit seinem Oberkörper nach hinten bewegt. Vielleicht handelt es sich hier nur um Millimeter. Doch diese Millimeter sind entscheidend für eine angenehme Einkaufsatmosphäre.

Hat der Kunde nicht die Möglichkeit nach hinten auszuweichen, da ihm ein Ständer oder ein Tresen den Rückzug versperrt, ist der so genannte Rückwärtsgang am Zurückziehen des Kopfes und manchmal auch an den kurz aufgerissenen Augen zu erkennen. Das bedeutet für Sie immer:

Stopp! Rückwärtsgang einlegen!

Wer die Signale richtig deuten kann, für den ist es gar nicht so schwer, den richtigen Abstand zu erkennen. Mit einiger Übung werden Sie sehr schnell erkennen, welcher Abstand Ihrem Gegenüber auch wirklich angenehm ist. Denn auch beim Abstand lautet die Erfolgsformel:

Übung macht den Meister!

Immer wieder werde ich gefragt, wie man sich denn verhalten sollte, wenn einem der Kunde zu sehr auf die Pelle rückt? Hier gibt es zwei Möglichkeiten. Die erste Möglichkeit ist: Entweder Sie trainieren sich und Ihr Unterbewusstsein, und können auf diese Art und Weise auch mit Menschen, die Ihnen zu nahe kommen, ohne Probleme umgehen. Doch das ist ehrlich gesagt nicht für jeden Menschen sehr einfach. Dennoch können Sie diesen Weg einmal ausprobieren, denn vielen Seminarteilnehmern gelingt dies auch. Die zweite Möglichkeit besteht darin, sich mit Hilfe von Ware aus der Affäre zu ziehen. Im Verkaufsgesprächen läuft das dann folgendermaßen ab. Anstatt selbst weiter im Rückwärtsgang zu fahren, den

Ihr in diesen Dingen ungeübter Kunde in solchen Situationen meistens so und so ignoriert, drücken Sie ihm die gerade präsentierte Ware in die Hand. Während Sie ihm die Ware geben, schalten Sie ganz vorsichtig Ihren Rückwärtsgang ein und entfernen sich ein paar Zentimeter von ihm. Meistens hilft diese Vorgehensweise, da sich Ihr Kunden jetzt mit der Ware beschäftigt.

Sollten beide Möglichkeiten nicht funktionieren, hilft nur eines: Augen auf und durch! Oder Sie schenken Ihrem Kunden dieses Buch. Der N-E-W Verlag und ich würden uns freuen.

LÄCHLE MEHR ALS ANDERE!

Sicherlich haben Sie bei dem Kapitel über die begeisternde Körperhaltung den Ansporn zum Lächeln vermisst. Keine Sorge, Sie entgehen ihm nicht. Ich habe ihn mir für dieses Kapitel über die Mimik, also über das Mienenspiel, aufgehoben.

Ansonsten könnte man jetzt über die Mimik das gleiche schreiben, wie über die übrigen Körpersignale. Denn Ihre Mimik steuern Sie natürlich auch mit Ihren Gedanken und mit Ihren Gefühlen. Wenn Sie sich zum Beispiel aus irgendeinem Grund nicht so wohl fühlen, kommt allenfalls ein gequältes Lächeln heraus.

Genauso ist es, wenn Sie einen Kunden beraten müssen, der Ihnen überhaupt nicht liegt. Allerhöchstens schaffen Sie es in diesem Fall ein aufgesetztes Lächeln zu demonstrieren. Wenn Sie Glück haben, merkt es Ihr Kunde nicht direkt. Doch wie Sie bereits wissen, empfängt Ihr Kunde auf jeden Fall die unbewussten Signale Ihrer Mimik. Und das ist doch nicht Sinn der Sache.

Für Ihre Mimik gelten demnach die Regeln der gesamten Körpersprache. Sollten Sie diese vergessen haben, dann blättern Sie schnell zurück zu dem Fragebogen, den Sie im vorherigen Kapitel ausgefüllt haben. Wenn Ihnen dabei auffällt, dass Sie diese Seite noch nicht ausgefüllt haben, dann nichts wie ran an die Checkliste. Denn ohne diesen kleinen Check-up werden Sie nie eine begeisternde Mimik erreichen können. Meine Seminarteilnehmer oder die Leser meines Buches „Der begeisterte Verkäufer" kennen sicherlich schon meine Lieblingsabkürzung für die richtige Mimik.

LMAA!

Nein, nicht was Sie denken.

Lächle Mehr Als Andere,

lautet die Zauberformel im Verkauf. Damit ist nicht gemeint, dass Sie den ganzen Tag wie ein Honigkuchenpferd grinsen sollen. Hiermit ist lediglich gemeint, dass Sie

der freundlichste Verkäufer
bzw. die freundlichste Verkäuferin der Welt sein sollen.

Sie halten das für übertrieben? Ehrlich gesagt, ich halte das für gerade angemessen. Oder möchten Sie, dass es in Ihrer Umgebung jemanden gibt, den Ihre Kunden für freundlicher halten? Ich möchte es Ihnen nicht einmal wünschen. Wäre das nämlich der Fall, würden Ihre Kunden in Scharen zu diesem Kollegen abwandern. Welche Blamage!

Sollten Sie jetzt meinen, dass Sie trotzdem noch genügend Kunden haben, obwohl Sie selbstkritisch sagen, dass Sie noch nicht die Freundlichkeit in Person sind, dann möchte ich Sie warnen. Denn anscheinend haben Ihre Kunden den anderen Kollegen noch nicht entdeckt.

Doch Spaß beiseite. Die meisten Verkäufer im Handel glauben von sich, dass Sie freundlich genug sind. Und bei vielen trifft dies ja auch zu. Und ich hoffe natürlich, bei Ihnen auch. Bei allen den anderen, bei denen die Freundlichkeit nicht im Überfluss ausgeteilt wird, handelt es sich um ein und dasselbe Problem. Diese Kollegen sind sich nicht bewusst, wie unfreundlich Sie auf andere Menschen wirken. Immer wieder stoße ich in meinen Seminaren und auch bei Testkäufen auf Menschen, die wirklich davon überzeugt sind überaus freundlich zu sein. Doch die Mimik während unserer Testkäufe oder auch in meinen Seminaren spiegelt das genaue Gegenteil wider.

Doch Stopp! Machen Sie diesen Menschen keinen Vorwurf. Ich mache es auch nicht. Und kein Chef dieser Welt sollte dies tun. Denn die Problematik ist in solchen Fällen, dass niemand diese Zeitgenossen auf ihre weniger freundliche Mimik aufmerksam macht. In einem guten Team ist dies sicherlich überhaupt kein Problem. Doch wenn der Teamgeist nicht so ausgeprägt ist, wird es schon schwieriger den oder die Kollegin auf die weniger freundliche Mimik aufmerksam zu machen. Da traut sich niemand den anderen auf die weniger freundliche Mimik aufmerksam zu machen. Hier hilft nur eines:

Kontrolliere Dich selbst!

Das bedeutet im Klartext, achten Sie selbst auf Ihre freundliche Mimik. Wie bereits erwähnt, ist Ihre Mimik bei der konstruktiven Denkweise aus dem vorherigen Kapitel ohnehin kein Problem. Ist Ihnen diese Denkweise allerdings noch nicht in Fleisch und Blut übergegangen, dann lohnt es sich schon ab und zu in den Spiegel zu schauen und zu kontrollieren, ob Ihre Mundwinkel eher auf zehn vor zwei, also nach oben, oder eher auf halb acht, also eher nach unten gezogen sind.

Das Dumme an der Geschichte ist nämlich, dass es uns selten auffällt, wenn unsere Mundwinkel auf halb acht ausgerichtet sind. Erst durch den Blick in den Spiegel oder in eine Scheibe oder eben auch durch das Aufmerksam machen unserer Mitmenschen werden wir hellhörig bzw. hellsichtig und können das Lächeln trainieren.

„Aber wenn ich nichts zu lachen habe, was dann, Herr Nemeth?" Dann tun Sie mir natürlich leid. Ist es nur eine vorübergehende Krise, warten Sie bis die Krise vorbei ist. Ist es allerdings ein Dauerzustand bei Ihnen, dann wechseln Sie Ihren Job. Denn ein Mensch, der nichts zu lachen hat oder einfach nicht lachen kann, der hat im Verkäuferberuf absolut nichts zu suchen. Nicht unbedingt wegen der Kundenabschreckwirkung. Sondern vor allen Dingen wegen seines eigenen Erfolgs. Er oder sie wird nämlich keinen Erfolg im Verkauf haben und das macht auf Dauer schlicht und einfach unzufrieden.

Sollten Sie von der Wirkung des Lachens immer noch nicht überzeugt sein, dann wird mir das mit absoluter Sicherheit jetzt gelingen.

Ich bin seit einigen Jahren einmal pro Jahr auf einem Lachkongress eingeladen. Auf diesem Kongress werden nicht nur Witze und lustige Geschichten erzählt, sondern es werden auch ernsthafte Vorträge von Medizinern und Psychologen über die Auswirkungen des Lachens gehalten. Ich selbst halte dort Vorträge über die unterschiedlichen Begeisterungsstrategien, mit denen man die Möglichkeiten, in seinem Leben mehr zu lachen, bedeutend vervielfachen kann. Doch neben meinen Vorträgen habe ich auch immer wieder Zeit die medizinischen und psychologischen Vorträge der anderen Experten zu besuchen. Mittlerweile bin ich fast schon selbst zu einem Lachspezialisten geworden. Denn was ich in diesen Vorträgen zu hören bekomme, fasziniert mich jedes Mal aufs Neue.

Stellen Sie sich vor: In amerikanischen und mittlerweile auch in deutschen Kliniken, wird die Lachtherapie zur Reduzierung von Liegezeiten der Patienten eingesetzt. Und das mit großem Erfolg. Clowndoktoren arbeiten mit krebskranken Kindern und beschleunigen die Heilungsprozesse. Patienten mit Depressionen werden mit Hilfe von sanften Lachtherapien in angenehmere Gefühlszustände gebracht. Sie fragen wie das alles möglich ist?

Selbst wenn ein Mensch künstlich lächelt, also bewusst seine Mundwinkel nach oben zieht, beginnt der Körper die so genannten Glückshormone zu produzieren. Durch die Produktion dieser Hormone hebt sich sein Stimmungspegel unweigerlich. Das bedeutet nicht, dass aus einem depressiven Menschen ein Euphoriker wird. Doch der Gesamtzustand wird nachweislich verbessert. Können Sie sich nun ungefähr vorstellen, welche Auswirkung das Lachen bei einem gesunden Menschen hat? Probieren Sie es einfach aus und Sie werden sehen und spüren, was Sie sich alles Gutes damit angedeihen lassen. Und die allerschönste Botschaft kommt nun zum Schluss dieses Kapitels:

Das Lächeln, das Du aussendest kommt automatisch zu Dir zurück!

Und wenn Sie diesem chinesischen Sprichwort nicht glauben, dann testen Sie es einfach in den nächsten 10 Tagen. Erst dann entscheiden Sie selbst, ob Sie mit LMAA durchs Leben gehen wollen.

GESTIK BRINGT LEBEN INS GESPRÄCH!

Hauptsache offen! Wer seine Kunden begeistern möchte, braucht eine offene Gestik. Das müssen nicht unbedingt theatralische Gesten sein, mit denen Sie Ihre Kunden empfangen. Doch ein bisschen Bewegung mit den Armen schadet sicherlich nicht, wenn Sie Ihre Kunden begeistern möchten. Jeder Vortrag und auch jedes Verkaufsgespräch lebt von der Bewegung mit den Armen.

Am besten testen Sie es gleich einmal. Stellen Sie sich vor einen Spiegel und erzählen Sie sich selbst eine kleine Geschichte oder vielleicht auch einen Witz. Beim ersten Durchgang zwingen Sie sich Ihre Hände an der Hosen- bzw. Rocknaht zu lassen, also sie nicht zu bewegen. Beim zweiten Durchgang setzen Sie bewusst Ihre Arme und Hände ein und unterstreichen damit Ihre Ausführungen. Auf geht's! Nur wenn Sie die kleine Übung mitmachen, werden Sie den Unterschied zwischen einer leblosen und einer lebhaften Gestik erkennen. Sie können beim zweiten Durchgang ruhig ein wenig übertreiben. Es sieht Sie ja niemand.

Und, wie hat es geklappt? Ich hoffe auf jeden Fall, es hat Ihnen Spaß gemacht. Wenn Sie sonst schon eine sehr lebhafte Gestik haben, dann brauchen Sie sich jetzt nicht mehr umzustellen. Sollten Ihnen allerdings früher die Eltern oder die Lehrer gesagt haben, dass Sie sich mit Ihrer Gestik zurückhalten sollen, dann vergessen Sie diese Belehrungen einfach. Kehren Sie zu Ihrem ursprünglichen Wesen wieder zurück und lassen Sie Ihren Armen und Händen freien Lauf. Die Zeit des Gehorsams und der Ruhigstellung von Armen und Händen ist Gott sei Dank seit vielen Jahren vorbei. Ihr Unternehmen braucht lebhafte Menschen, die mit ihrer Gestik die Kunden begeistern.

Gehören Sie dagegen eher zu den Menschen, die kaum Bewegungen in den Armen und Händen haben, blasen Sie keine Trübsal, sondern freuen Sie sich auf neue Erfahrungen. Trainieren Sie erst einmal vor dem Spiegel und setzen Sie nach und nach Ihre Arme und Hände bei all Ihren privaten Gesprächen bewusst ein. Verzweifeln Sie nicht, wenn dies nicht gleich von Anfang an klappt, sondern ermutigen Sie sich zu immer neuen Trainingseinheiten. Ganz allmählich setzen Sie Ihre lebhafte Gestik auch in Ihren Verkaufsgesprächen ein.

Das Schöne an diesem Training ist, dass Sie mit der Zeit spüren, wie Sie nicht nur körperlich, sondern auch geistig immer lockerer und lockerer werden. Auch dieses Training gönnen Sie sich in den nächsten zehn Tagen. Und dann entscheiden Sie selbst, wie Sie Ihre Arme einsetzen. Ich bin sicher, dass

Sie durch diese Zehn-Tages-Übung hoch motiviert sind, Ihre innere und äußere Lockerheit zu trainieren.

Und dann kommt noch der von mir genannte Thomas Gottschalk Tipp. Achten Sie einmal auf Ihre Handflächen, wenn Sie auf Ihre Kunden zugehen. Diese sollten möglichst dem Kunden zugewandt werden. Nicht die ganze Zeit, sondern nur für kurze Bruchteile. Wenn Sie einmal Thomas Gottschalk oder auch andere Showmaster im Fernsehen betrachten, fällt Ihnen dieser kleine Trick auf. Jedes Mal wenn ein Showmaster seine Gäste begrüßt, öffnet er für einen kurzen Augenblick seine Handflächen. Dies signalisiert nämlich dem Gast unbewusst, ein herzliches Willkommen.

Bitte üben Sie diese Art nicht unbedingt in Ihrem Geschäft. Dies könnte zu Beginn Ihrer Trainingszeit etwas hölzern aussehen. Nutzen Sie am Anfang lieber Ihre privaten Willkommenskontakte und wenden Sie den kleine Kniff erst dann im Geschäft an, wenn Sie sich ganz sicher fühlen.

DER TON MACHT DIE MUSIK!

Kommen wir zu einem weiteren Körpersignal, dem Tonfall. Der ist ebenfalls ein wichtiger Bestandteil Ihres Körpers. Wie Sie schon in der Kapitelüberschrift erfahren haben, macht der Ton eben die Musik. Anders ausgedrückt bedeutet diese Aussage, dass es einfach wichtig für Ihren Auftritt ist, Ihre Stimme gekonnt einzusetzen.

Natürlich gilt auch für dieses Körpersignal die Regel: Der Körper kann nicht lügen. Auch am Tonfall erkennt Ihr Kunde, wie ernst Sie es mit ihm meinen. Der Klang Ihrer Stimme signalisiert genauestens Ihre innere Sicherheit, Ihre persönliche Überzeugung und Ihre innere Begeisterung.

Der einfachste Weg Ihre Stimme auf einen begeisternden Tonfall einzustellen ist zu lächeln. Wenn Sie nämlich lächeln, also den LMAA-Tipp beherzigen, bekommt Ihre Stimme einen sympathischen und offenen Klang. Wenn Sie einmal testen möchten, wie die Wirkung des Lächelns auf die Stimme ist, brauchen Sie nur ein paar Anrufbeantworter in Ihrem Freundeskreis oder auch in verschiedenen Unternehmen anzurufen. Wenn dann das Ansageband abläuft, hören Sie einmal genau hin und raten ob der Ansager auf dem Band während des Aufsprechens gelächelt hat oder nicht. Sie werden fast mit 100 prozentiger Sicherheit lauter Volltreffer erzielen. Denn man hört auch ohne Übung genau, ob ein Mensch beim Sprechen lächelt oder nicht. Auch wenn man diesen Menschen am Telefon nicht sehen kann. Und Sie werden ebenfalls herausfinden, dass die lächelnd besprochenen Anrufbeantworter bedeutend sympathischer klingen.

Jetzt gibt es natürlich auch in einem Verkaufsgespräch Situationen, in denen Sie nicht mit lächelnder Stimme Ihren Kunden bezirzen sollen. Auch wirkt ein dauerhaft grinsendes Gesicht nicht unbedingt sehr vertrauenerweckend. Für all diese Situationen gibt es einen sehr einfachen Tipp.

Passen Sie Ihren Tonfall dem Ton Ihres Kunden an!

Das bedeutet in der Praxis, dass Sie sich mit Ihrem Tonfall dem Kunden angleichen. Spricht Ihr Kunde eher leise, dann senken Sie Ihre Stimme ebenfalls. Neigt ihr Kunde eher dazu etwas lauter zu sprechen, dann passen Sie sich seiner Lautstärke an. Hiermit haben Sie die Sicherheit, dass Sie eine Lautstärke wählen, die Ihrem Kunden angenehm erscheint. Wäre Sie ihm nicht angenehm, würde Ihr Kunde nicht in seiner gewählten Lautstärke sprechen.

Jetzt müssen Sie natürlich nicht flüstern, nur weil Ihr Kunde vielleicht leise spricht. Anpassen bedeutet, dass Sie nur etwas leiser reden als gewöhnlich. Neigt Ihr Kunde dazu sehr lautstark seine Wünsche zu äußern, brauchen Sie nicht gleich anfangen durch Ihr Geschäft zu brüllen. Sondern Sie erhöhen ganz einfach Ihre Lautstärke um eine Nuance.

Dieses Anpassen nennt man Rapport. Rapport bedeutet, dass Sie sich - in diesem Fall stimmlich - Ihrem Gegenüber angleichen, indem Sie seine Verhaltensweise bis zu einer gewissen Grenze nachahmen. Dies hat den weiteren Vorteil, dass Sie Ihrem Kunden durch das Angleichen an seine Tonlage ein ihm vertrautes Gefühl vermitteln.

Doch vergessen Sie bei allem Gleichklang nicht, dass auch beim Tonfall die Regel Nr. 1 lautet: LMAA!

SO FINDEN SIE STETS DIE RICHTIGEN WORTE!

SO FINDEN SIE STETS DIE RICHTIGEN WORTE!

Neben der Körpersprache tritt als zweites Kommunikationsmittel im Verkauf Ihre Sprache auf. Der wollen wir uns im Folgenden zuwenden.

Vielleicht werden sich manche von Ihnen fragen, wieso wir die Sprache an die zweite Stelle gesetzt haben. Die Antwort ist sehr simpel: Der wichtigste Faktor für Ihren begeisternden Auftritt ist die Körpersprache. Der Anteil der Körpersprache ist bei Ihrer Überzeugungsarbeit im Verkauf bedeutend höher, als der Anteil Ihrer Worte. Dies wurde erst jetzt wieder in Form einer wissenschaftlichen Studie belegt.
An dieser Stelle ein Dankeschön an meine Tochter Johanna, die mich unter anderem mit dieser Informationen aus ihrem Studium bei diesem Buch unterstützt hat.

Bei dieser Studie wurde der Anteil der Körpersprache, des Tonfalls und der Worte untersucht. Der Ausgangspunkt ist folgender: Um einem Menschen etwas zu verkaufen, benötigt man 100% Überzeugung. Erst wenn diese 100% erreicht sind, kauft der Kunde. Was schätzen Sie nun aufgrund Ihrer Erfahrung, wie viel Prozent an der gesamten Überzeugung sich auf Körper, Tonfall und Sprache, also die „nackten“ Worte, verteilen? Würden Sie die Prozent dritteln oder würden Sie die Sprache mit 70% bewerten und den Rest teilen?

Ich will Sie nicht länger auf die Folter spannen. Die Prozentzahlen sind folgendermaßen verteilt:

Körper 55%

Tonfall 38%

Worte 7%

Das Gefährliche an dieser Untersuchung ist, dass viele Menschen glauben, es sei egal was ich dem anderen erzähle, Hauptsache mein Körper und mein Tonfall leisten die Überzeugungsarbeit. Dies ist natürlich kompletter Unsinn. Wenn Sie nämlich nur Ihren Körper und Ihren Tonfall einsetzen, fehlen Ihnen zwar nur 7%, um an Ihr Ziel zu gelangen. Aber wie Sie in den nun folgenden Kapiteln merken werden, ist die Sprache ein so enorm wichtiges und auch interessantes Instrument um Menschen professionell zu begeistern, dass es ohne sie einfach nicht geht.

WIE SAGE ICH ES MEINEM KUNDEN?

Diese Kapitelüberschrift ähnelt der Redewendung, „Wie sage ich es meinem Kinde?“ Der Vergleich ist gar nicht so weit hergeholt, wenn es um Ihre Verkaufsgespräche geht. Denn je verständnisvoller Sie mit Ihren Kunden sprechen, desto leichter überzeugen Sie Ihre Kunden. Und das funktioniert fast genauso, wie es bei Kindern funktioniert. Doch keine Sorge, ich möchte Sie in diesem Kapitel nicht ermuntern in die Kindersprache zu verfallen.

Doch wenn Sie Kinder ermuntern möchten, etwas in Ihrem Sinne zu tun, dann müssen Sie sich oftmals schon einiges an Überredungskünsten einfallen lassen. Gelingt es Ihnen allerdings die Kinder zu motivieren, haben Sie leichtes Spiel mit ihnen. Und genauso ist es auch mit Ihren Kunden. Um Kunden heutzutage zu überzeugen, bedarf es schon manchmal einiger Überzeugungskraft. Doch gelingt es Ihnen Ihre Kunden wirklich zu motivieren, dann haben Sie meistens leichtes Spiel.

Und genau das ist der Ansatzpunkt für Ihre Sprache gegenüber den Kunden. Jetzt ist die Sprache, wie bereits erwähnt, ein machtvolles Instrument, mit dem Sie sehr viel erreichen können. Die Voraussetzung ist, dass Sie mit diesem Instrument auch umgehen können. Natürlich ist die Sprache auch ein unverzichtbares Mittel um Ihren professionellen Auftritt zu gestalten. Denn neben Ihren Körpersignalen ist die gesprochene Sprache das zweite Bewertungsinstrument für Ihren Kunden. Nachdem er Ihre Körpersignale verarbeitet hat, widmet er sich nun Ihren Worten.

Klingen diese Worte für ihn überzeugend, kompetent und begeisternd, dann kauft er. Tun sie dies nicht, kauft er eben nicht. Auch wenn Ihre Worte nur 7% Anteil an der gesamten Überzeugungsarbeit haben, sind sie für Ihren begeisternden Auftritt unerlässlich.

Wie sollte Ihre Sprache nun aufgebaut sein, damit Sie bei Ihren Kunden den größtmöglichen Effekt erzielen. Schauen wir uns doch einmal ein Verkaufsgespräch an, in dem uns gezeigt wird, wie Worte ihre Wirkung nicht erzielen.

Der Kunde betritt die Hi-Fi-Abteilung in einem großen Warenhaus. Er möchte sich nach einer Stereoanlage erkundigen. Der freundliche Verkäufer zeigt ihm sogleich einige Anlagen. *„Diese Anlage von Sony, hat einen außergewöhnlichen Klang, besitzt einen CD-Wechsler, einen Kassettenteil und einen Tuner. Die Anlage daneben von Grundig ist im Klang nicht ganz so gut wie die von Sony, hat aber zwei Kassettendecks, einen CD-Player und ebenfalls einen Tuner. Und hier sehen Sie eine erstklassige Anlage von Bose, die den besten Klang von allen hat. Leider ist sie auch im Preis um einiges* *teurer als die beiden anderen Anlagen, die ich Ihnen gezeigt habe. Welche würde Ihnen den am meisten zusagen?" „Oh, das muss ich mir zu Hause noch einmal in Ruhe überlegen!"* antwortet der Kunde und zieht unverrichteter Dinge wieder von dannen.

Das war ein klassisches Beispiel dafür, wie man an dem Kunden vorbeiredet. Sehr oft wird diese Art der Argumentation auch noch mit Fachausdrücken angereichert, so dass der Kunde überhaupt nicht mehr durchblickt.

Wenn Sie dieses Gespräch einmal kurz analysieren, merken Sie vor allen Dingen eines: In dem gesamten Gespräch gab es kein Argument, dass auf die Wünsche des Kunden ausgerichtet war. Es waren letztendlich überhaupt keine Argumente, sondern allerhöchstens ein paar Aufzählungen der unterschiedlichen Produkteigenschaften. Das kann in manchen Gesprächen sogar ausgesprochen nützlich und sinnvoll sein. Doch bitte nur, wenn der Kunde danach fragt. Ansonsten überhäufen Sie Ihren Kunden mit Fakten, die diesen eventuell überhaupt nicht interessieren.

In dem oben angegebenen Gespräch fehlte vor allen Dingen ein Instrument, mit dem Sie Ihre Kunden begeistern und überzeugen können. Und dieses Instrument sind Fragen. Denn nur mit Hilfe von Fragen, sind Sie in der Lage auch herauszufinden, was den Kunden wirklich interessiert. Und genau darauf kommt es im Umgang mit der Sprache an. Nutzen Sie erstens Ihre Sprache, um den Kunden genau das mitzuteilen, was ihn interessiert. Und zweitens machen Sie das am besten mit einer Begeisterung, dass Ihren Kunden Hören und Sehen vergeht.

Das könnte in unserem Beispiel folgendermaßen ablaufen.

Nachdem der Kunde seinen Wunsch geäußert hat, sich nach einer Stereoanlage umsehen zu wollen, startet unser Verkäufer sein Verkaufsgespräch folgendermaßen.

„Da kommen Sie gerade zum richtigen Zeitpunkt. Denn momentan haben wir eine riesengroße Auswahl an erstklassigen Stereoanlagen vorrätig. Angefangen von kleinen Microanlagen bis hin zu kompletten Dolby Surround Soundsystemen. Welche Art von Musik möchten Sie den gerne mit Ihrer Anlage hören?“ „Am liebsten hören meine Frau und ich Klassik!“ „Das ist aber auch ein wahrer Ohrenschmaus, wenn man die genau richtige Anlage dazu hat!“, antwortet der Verkäufer. *„Ich zeige Ihnen jetzt einfach einmal die Palette unserer tollen Hi-Fi-Anlagen, die genau für Ihren Klassik-Hörwunsch konzipiert wurden!“*

Haben Sie den Unterschied der beiden Gespräche bemerkt? Das erste Gespräch war auf die Informationen des Verkäufers zu geschnitten. Das zweite Gespräch bezog sich einzig und alleine auf den Kunden. Und genau hierin liegt der entscheidende Unterschied zwischen einem professionellen Auftritt und einem weniger professionellen Auftritt. Beim professionellen Auftritt wird der Kunde in den Mittelpunkt des Verkaufsgespräches gerückt. Bei einem weniger professionellen Auftritt beherrschen die Ware oder das eigene Know How des Verkäufers das Gespräch.

Ein ganz geschickter Schachzug des Profi-Verkäufers im zweiten Beispiel war die erste Reaktion auf den Kundenwunsch. Mit der Aussage „...da kommen Sie gerade zum richtigen Zeitpunkt. Denn momentan haben wir eine riesengroße Auswahl an erstklassigen Stereoanlagen vorrätig...“, hat er dem Kunden gleich ein Gefühl vermittelt, das mit Geld gar nicht zu bezahlen ist. Nämlich das Gefühl, dass der Kunde mit der Wahl gerade dieses Geschäftes eine gute Entscheidung und diese Entscheidung auch zum richtigen Zeitpunkt getroffen hat. Dabei ist es dem Verkäufer mit Hilfe dieser Aussage gelungen, gleich die Kompetenz des gesamten Sortimentes geschickt zu vermitteln.

Glaubwürdig gelingt so ein Schachzug einem Verkäufer allerdings nur, wenn er auch selbst von seinem Sortiment zu 100% überzeugt ist. Vielleicht war die Aussage des Verkäufers „...da kommen Sie gerade richtig...“, sogar das erste Lob, das der Kunde an diesem Tag gehört hat. Sie sehen, was Sie mit so einer Kleinigkeit alles erreichen können.

Halten Sie den Einstieg des Verkäufers eventuell für übertrieben? Dazu möchte ich Ihnen sagen, dass dieser Einstieg eventuell sogar noch zu untertrieben war. Denn durch das begeisterte Herausstellen der eigenen Sortimentsmöglichkeiten erzielen Sie den ersten Begeisterungspunkt bei Ihrem Kunden. Aussagen wie, „da müssen wir einmal schauen, was wir da haben" oder „mal sehen, was ich für Sie tun kann", klingen schon nicht mehr sehr motivierend.

Ein Profi ist einfach von dem was er präsentiert begeistert und begeistert damit auch seine Kunden.

Außerdem signalisierte der Verkäufer im zweiten Beispiel noch etwas sehr wichtiges, nämlich die eigene Freude über den Wunsch des Kunden. Und genau das ist der bessere Empfang für Ihre Kunden. Signalisieren Sie Ihren Kunden, dass Sie sich über deren Besuch in Ihrem Geschäft freuen. Und das machen Sie nicht nur mit Ihrem Körper, sondern eben auch mit Ihren Worten.

Sätze wie: „Schön, dass Sie sich bei uns umsehen möchten", „Prima, dass Sie gerade jetzt zu uns kommen", signalisieren diese Grundstimmung von Ihnen und erzielen nebenbei noch die oben beschriebenen Effekte.

Auch wenn es zunächst ungewohnt sein sollte: Wagen Sie solche Formulierungen, bis Sie Ihnen in Fleisch und Blut übergehen. Denn damit heben Sie sich von der Masse Ihrer Kolleginnen und Kollegen ab. Kommen wir nun zu den Argumenten, die Sie Ihren Kunden liefern. Auch hier gilt das Prinzip:

Der Kunde steht im Mittelpunkt des Verkaufsgespräches!

Also, vergessen Sie alle Argumente, die nur die Produkteigenschaften Ihrer Ware aufzählen. Das sind Sätze wie zum Beispiel: „Das Sakko ist aus reiner Schurwolle." „Die Stereoanlage hat auch einen MP3-Player." „Das Besteck besteht aus 18 Teilen." „Das Fahrrad hat eine 21-Gangschaltung".

Diese Argumente zeigen dem Kunden nur, was Ihre Ware bietet. Doch wenn Sie Ihre Kunden überzeugen und für Ihre Produkte begeistern möchten, sollten Sie sich angewöhnen die jeweiligen Vorteile speziell für die Belange des Kunden herauszustellen. Die erste Voraussetzung hierfür ist natürlich, dass Sie wissen, auf welche Vorteile Ihr Kunde Wert legt. Und dieses Wissen erfahren Sie eben über geschicktes Fragen.

Wenn Sie dann die individuellen Vorlieben des Kunden kennen, verbinden Sie einfach die jeweiligen Produkteigenschaften mit den gewünschten Kundenvorteilen. Das könnte dann in etwa folgendermaßen klingen: „Das Sakko ist aus reiner Schurwolle und garantiert Ihnen dadurch den weichen Griff, den edlen Schimmer, sowie eine ausgleichende angenehme Wärmewirkung!"

„Die Stereoanlage hat auch einen MP3-Player, so dass Sie auch Ihre Lieblingsmusikstücke direkt vom I-Pod überspielen können. Damit können Sie Ihre Lieblingsmusikstücke nicht nur unterwegs, sondern auch zu Hause über die neue Anlage hören."

„Das Besteck besteht aus 18 Teilen und ist somit für Ihren vier-Personen Haushalt ideal."

„Das Fahrrad hat eine 21er-Gangschaltung und das hat für Sie den Vorteil, dass Sie während Ihrer ausgiebigen Fahrradtouren auch an steilen Hängen ohne Schwierigkeiten hinaufgleiten."

Und jetzt hängen Sie hinter Ihre Argumente noch jeweils eine so genannte Kontrollfrage, wie zum Beispiel: „Ist das interessant für Sie?" Oder „Legen Sie darauf Wert?"

Berücksichtigen Sie nur diese wenigen Tipps bei Ihrer Argumentation, dann haben Sie Ihr Ziel fast schon erreicht. Das ist nämlich mit professioneller Argumentation gemeint.

Durch die Kontrollfrage stellen Sie den Kunden nicht nur in den Mittelpunkt, sondern spielen ihm sogar noch den Ball zu. Und wenn Sie vorher gut aufgepasst haben, dann ist die Wahrscheinlichkeit sehr groß, dass der Kunde auf Ihre Kontrollfragen jeweils mit „Ja" oder sonst einer Zustimmung antwortet. Sollte er dennoch mit „Nein" antworten, ist auch das kein Problem. Denn jetzt wissen Sie wenigstens, dass Sie mit Ihren Argumenten auf dem falschen Pfad sind. Durch erneutes Fragen, erkunden Sie nun einfach im zweiten Anlauf den richtigen Pfad. Mit den Kontrollfragen steuern Sie auch der Gefahr entgegen, dass Ihr Verkaufsgespräch ein Monolog wird. Auch das ist ein enormer Effekt in den Gesprächen mit Ihren Kunden.

Sie sehen, es gehört gar nicht so viel dazu sich mit seinen Argumenten ein wenig von der Masse der Kollegen im Verkauf abzuheben. Und – geben Sie es ruhig zu – seinen Kollegen so ein Stückchen voraus zu sein und im Verkaufsgespräch ganz bewusst die Fäden zu ziehen, gibt Ihnen sicherlich ein gutes Gefühl!

KONSTRUKTIV FORMULIEREN LEICHT GEMACHT!

„Kann ich Ihnen helfen?“ „Das steht Ihnen aber gut!“ „Das hat man jetzt so!“ sind Formulierungen, die Sie hoffentlich nur von Ihren privaten Einkaufserfahrungen her kennen.

Denn all diese Formulierungen haben mit einem professionellen Auftritt nicht sehr viel zu tun. Diese Formulierungen stehen eher für amateurhaftes und langweilendes Verhalten. Es geht nicht nur darum, dass diese Formulierungen mehr als abgedroschen klingen, sie zeigen auch eine Verarmung der eigenen Sprache.

Aber wie kommen Sie nun an eine Sprache, die begeistert? Dafür gibt es einige Möglichkeiten.

Die erste ist, Sie erweitern Ihren Wortschatz. Die deutsche Sprache besteht aus ca. 70.000 Worten. Wie umfangreich, meinen Sie, ist der durchschnittliche aktive Wortschatz der Bundesbürger? Besteht er aus 50.000, 30.000 oder vielleicht nur aus 10.000 Wörtern?

Die Antwort wird Sie überraschen. Denn der aktive Wortschatz der Bundesbürger besteht aus ca. 800 Wörtern. Damit Sie nicht meinen, es handelt sich um einen Druckfehler, hier noch einmal die Zahl in Worten - achthundert -. Doch lassen Sie sich nicht von mir schockieren, sondern fühlen Sie sich lieber ermuntert, an Ihrem aktiven Wortschatz zu arbeiten.

Sollten Sie also auch nur mit 800 Wörtern arbeiten, dann können Sie jetzt ungefähr ermessen, wie vielfältig Ihre Erweiterungschancen sind. Da die Sprache nun einmal zu einem großen Anteil den Ausdruck unserer Persönlichkeit prägt, lohnt es auf jeden Fall, sich einmal mit seinem Wortschatz zu beschäftigen.

Natürlich existieren einige Möglichkeiten seinen Wortschatz zu erweitern. Eine davon nutzen Sie soeben. Es ist das Lesen von Büchern. Mit jedem Buch, das Sie lesen, erweitern Sie Ihren Wortschatz. Denn ohne, dass Sie es merken, lernen Sie neue Begriffe für Ihren aktiven Wortschatz kennen. Und zwar immer die Vokabeln aus dem aktiven Wortschatz des Autors. Sie sehen also, dass Sie mit diesem Buch neben Tipps für Ihren professionellen Auftritt auch noch einiges für Ihre Wortschatzerweiterung tun. Je mehr Bücher Sie lesen, desto mehr Worte lernen Sie in Ihren aktiven Wortschatz zu integrieren. Dies müssen nicht unbedingt Fachbücher sein, sondern gerade auch anspruchsvolle Romane oder Essays eignen sich hervorragend für Ihre Wortschatzerweiterung.

Auch der Besuch von Theaterstücken oder sogar Kino- und Fernsehfilme eigenen sich sehr gut als Trainingsplattform. Die neuerdings gerne ausgestrahlten Daily-Soaps hingegen würde ich Ihnen zumindest für diesen Zweck nicht empfehlen.

Eine weitere Möglichkeit, um Ihren Wortschatz zu erweitern, ist das bewusste Umformulieren von eigenen oder fremden Texten. Das funktioniert folgendermaßen. Sie nehmen einen bereits geschriebenen Text - dies können Briefe oder sogar nur Zeitungstexte sein - und versuchen diesen mit anderen Worten wiederzugeben. Das können Sie zum Beispiel gut während längerer Aufenthalte in Wartezimmern oder auch auf längeren Fahrten im Bus, Zug oder Flugzeug trainieren.

Ist Ihnen dies alles zu umständlich und zu aufwendig, dann habe ich noch einen ganz hervorragenden Tipp für Sie parat. Und zwar einen Tipp, der nicht nur Ihre Sprachfähigkeit trainiert, sondern vor allen Dingen Ihnen direkt in jedem Verkaufsgespräch weitere Vorteile garantiert.

Um diesen Tipp umzusetzen, benötigen Sie nur eine Fähigkeit. Nämlich die Fähigkeit des Hinhörens. Hinhören bedeutet in diesem Fall, dass Sie einfach auf die Sprache Ihres Kunden achten und dessen häufig genutzten Worte in Ihre Sprache integrieren.

Das könnte sich folgendermaßen anhören:

Kunde: *„Ich möchte auf jeden Fall einen Anzug, der sich auch mit einem sportlichen Poloshirt kombinieren lässt. Sie müssen nämlich wissen, dass ich heilfroh bin, wenn ich keine Krawatten tragen muss. Also wäre ich heilfroh, wenn Sie mir einen dementsprechenden Anzug anbieten können."*

Verkäufer: *„Das kann ich gut verstehen, dass Sie heilfroh sind auch einmal ohne Krawatte ins Büro gehen zu können."*

Das Schlüsselwort in diesem kurzen Wortwechsel war das Wort: „heilfroh". Da dies der Kunde zwei Mal in diesem kurzen Gespräch verwendet hat, kann man davon ausgehen, dass das Wort zu seinem aktiven Wortschatz gehört.

Natürlich könnte es Zufall gewesen sein, dass der Verkäufer dieses Wort ebenfalls benutzt. Doch bei meinem Beispiel war es eben pure Absicht. Und genau so können Sie Ihren Wortschatz permanent erweitern.

Wie bereits im Zusammenhang mit Ihrem Tonfall erwähnt, schlagen Sie mit dieser Methode zwei Fliegen mit einer Klappe. Neben dem Erweitern Ihres Wortschatzes, senden Sie mit dieser Methode Ihrem Kunden etwas sehr Vertrautes; Sie senden ihm nämlich seine gebräuchlichen Worte zurück. Das ist dann der so genannte sprachliche Rapport bzw. Gleichklang. Der Effekt, den Sie dadurch erzielen ist derselbe, wie beim Gleichklang durch das Anpassen Ihres Tonfalls. Und alles, was uns Menschen eben vertraut ist, empfinden wir in den meisten Fällen als sehr angenehm.

Und durch das Vermitteln dieses angenehmen und vertrauten Gefühls, öffnen wir das Bewusstsein des Kunden unbewusst. Durch dieses Öffnen, wird er automatisch bedeutend zugänglicher für unsere Argumente. Sie sehen also, es hat eine Unmenge von Vorteilen, wenn Sie sich auch sprachlich Ihren Kunden angleichen. Und außerdem macht es auch einen riesengroßen Spaß, sich einmal mit den unterschiedlichen Wortschätzen der Mitmenschen zu beschäftigen. Denn Sie werden sich wundern, wie viel Abwechslung Ihre Kunden Ihnen zu bieten haben.

Das einzige, worauf Sie ein wenig achten sollten ist, dass die jeweils verwendeten Wörter auch so in Ihre Sprache integriert werden, dass es niemandem auffällt, wenn Sie seine Worte spiegeln. Es sollte sich auf keinen Fall nachgeäfft anhören. Doch auch hierbei werden Sie mit der Zeit immer fitter.

Eine weitere Möglichkeit Ihre Sprache für den professionellen Auftritt aufzupolieren ist das positive Formulieren. Beim positiven Formulieren geht es vor allen Dingen darum, die eigene Sprache als Motivationsinstrument für sich und den Kunden zu nutzen. Wenn Sie einmal genau hinhören, wie die meisten Menschen in Ihrer Umgebung sprechen, werden Sie sehr schnell feststellen, dass sehr viele Aspekte, die beschrieben werden von der Tendenz her eher negativ beschrieben werden.

Ein weit verbreitetes Beispiel ist folgende Formulierung aus dem Modeeinzelhandel: „Also dieses Kleid steht Ihnen ja überhaupt nicht!“ Das ist zwar ehrlich gemeint, doch zum einen leider nicht sehr taktvoll und zum anderen nicht sehr positiv formuliert. In der Sportartikelbranche klingt das oftmals so: „Diese Joggingschuhe sind auf keinen Fall etwas für Sie, die sind nur etwas für Profijogger.“ In anderen Branchen könnte die negative Formulierung folgendermaßen klingen: „Ich glaube nicht, dass Sie mit diesem Artikeln sehr glücklich werden.“

Haben Sie die Gemeinsamkeit bei all diesen Beispielen bemerkt? Alle Beurteilungen sind zwar gut gemeint, doch leider negativ ausgedrückt. Im Folgenden finden Sie dieselben Beispiele positiv formuliert vor:

„Probieren Sie doch noch einmal das erste Kleid. Die Farben des ersten Kleides standen Ihnen ganz ausgezeichnet. Finden Sie nicht auch?“

„Für Ihre Art des Joggens kann ich Ihnen besonders das erste Modell empfehlen. Es ist für Ihre Ansprüche (aus diesen und jenen Gründen) noch besser geeignet. Was sagen Sie dazu?“

„Ich glaube, dass Sie mit dem anderen Artikel bedeutend glücklicher werden, als mit diesem. Und zwar aus folgenden Gründen: 1., 2., 3. Was meinen Sie dazu?“

Bei all diesen Beispielen wurde einfach die bessere Alternative in die Formulierung aufgenommen, anstatt die erste Möglichkeit als schlecht darzustellen. Durch die Frage am Ende des

Alternativvorschlages wurde trotzdem der Kundenwunsch in den Mittelpunkt gerückt. Sollte der Kunde aus irgendwelchen Gründen dennoch die erste Möglichkeit wünschen, hat er durch diese Technik auf jeden Fall die Möglichkeit, seine Vorstellung doch noch zu verwirklichen, ohne dass er sein Gesicht verliert.

Sie werden allerdings feststellen, dass durch diese Methode des positiven Formulierens Ihre Kunden viel eher bereit sind Ihren fachlich fundierten Empfehlungen zu folgen.

Des Weiteren trainieren Sie mit dieser Methode Ihre positive Art des Formulierens. Und durch das Training des positiven Formulierens schulen Sie auch unbemerkt Ihre Art zu denken. Denn bevor wir etwas aussprechen, müssen wir es zwangsläufig denken. Und wenn Sie sich ab heute dazu anhalten, Ihre Aussagen möglichst oft positiv zu formulieren, trainieren Sie unweigerlich Ihre positive Art des Denkens. Man könnte auch sagen, Sie trainieren eine sehr konstruktive Art des Denkens. Denn anstatt zu denken, so geht dieses oder jenes nicht, denken Sie in Zukunft sofort: „Vielleicht könnte es so und so funktionieren“.

Merken Sie schon, welche enormen Auswirkungen diese Art des Formulierens auf Ihr gesamtes Denksystem hat? Und wenn Sie sich jetzt noch einmal ins Gedächtnis rufen, dass Ihr Körper immer das ausstrahlt, was in Ihnen vorgeht, wissen Sie, dass Sie auch nach außen diese konstruktive und positive Art ausstrahlen werden. Und damit schließt sich wieder der Kreis für Ihren professionellen und begeisterten Auftritt, der Ihnen und Ihren Kunden richtig Spaß macht.

Also, was meinen Sie, lohnt sich das Training des positiven Formulieren für Sie? Ich hoffe, ja! Das beste Trainingsfeld für Ihre positiven Formulierungen ist auf jeden Fall Ihr privater Lebensbereich. Denn dort können Sie aus dem Vollen schöpfen und wenn es nicht gleich immer auf Anhieb mit dem positiven Formulieren klappt, ist das im Privatbereich mit Sicherheit kein allzu großes Problem. Und wenn Sie in Ihren privaten Gesprächen so richtig fit sind mit dem positiven Formulieren, dann klappt es in Ihren Verkaufsgesprächen ohnehin. Also wünsche ich Ihnen viel Spaß bei Ihrem persönlichen Trainingsprogramm.

KLASSISCHE VERKAUFSDIALOGE IN NEUEM GEWAND!

Welche sprachlichen Umgangsformen erwartet mein Kunde? Eine sehr interessante Frage, oder was meinen Sie? Am besten fragen Sie Ihre Kunden einmal selbst, welche sprachlichen Umgangsformen er oder sie erwartet. Sie meinen das ginge nicht? Ok, dann müssen wir uns eben etwas anderes einfallen lassen, um herauszufinden, was Ihr Kunde sprachlich von Ihnen erwartet. Was halten Sie zum Beispiel von einer Befragung, die wir jetzt sofort durchführen können?

Und zwar interviewen wir einen Menschen, den Sie persönlich sehr gut kennen und dessen Wünsche Sie als Kunde sehr gut kennen. Sie sehen niemanden, den Sie befragen können? Schauen Sie einfach in den Spiegel und schon haben Sie den idealen Kunden vor Augen. Ja, Sie sind es selbst, den Sie befragen sollen. Sie sind der ideale Kandidat. Sie kennen sich, Ihre Wünsche und Sie sind mit Sicherheit Kunde im Einzelhandel. Unabhängig davon in welcher Branche des Einzelhandels Sie arbeiten, werden Sie von Zeit zu Zeit in andere Branchen des Handels gehen, um sich Ihre Wünsche zu erfüllen und auch um die alltäglichen Gebrauchsartikel zu beschaffen. Legen wir also los mit der Befragung:

Wenn Sie in ein Geschäft gehen, mit welchen Worten möchten Sie von den Mitarbeitern in diesem Geschäft begrüßt werden?

....

....

Was sollte der Mitarbeiter auf jeden Fall vermeiden?

....

....

....

Wenn Sie sich nur umsehen möchten, mit welchen Worten sollte der Mitarbeiter reagieren?

....

....

Was sollte der Mitarbeiter auf jeden Fall vermeiden?

....

....

Wenn Sie einen besonderen Wunsch haben, mit welchen Worten sollte der Mitarbeiter Ihren Wunsch aufgreifen?

....

....

Was sollte der Mitarbeiter auf jeden Fall vermeiden?

....

....

....

Welche Fragen erwarten Sie von einem interessierten Mitarbeiter bezüglich Ihres Wunsches?

....

....

Was sollte der Mitarbeiter auf jeden Fall vermeiden?

....

....

Auf welche Faktoren legen Sie bei der Argumentation besonderen Wert?

....

....

Was sollte der Mitarbeiter auf jeden Fall vermeiden?

....

....

....

Wenn Sie anderer Meinung als der Verkaufsberater sind, mit welchen Worten sollte er Ihrer Meinung nach reagieren?

....

....

Was sollte der Mitarbeiter auf jeden Fall vermeiden?

....

....

Wenn Sie sich zum Kauf entschlossen haben, welche Informationen wären Ihnen dann noch wichtig?

....

....

Was sollte der Mitarbeiter auf jeden Fall vermeiden?

....

....

....

Wenn Sie sich nicht zum Kauf entschließen können, mit welchen Worten sollte der Mitarbeiter reagieren?

....

....

....

Was sollte der Mitarbeiter auf jeden Fall vermeiden?

....

....

Und, wie ist Ihre Befragung ausgefallen? Können Sie mit den Ergebnissen etwas anfangen? Ich bin sicher, Sie können. Jetzt gibt es nur noch ein Problem zu lösen. Da Sie der einzige Kunde bei dieser Befragung waren, ist das Ergebnis eben auch einseitig. Wären alle Kunden in Ihrem Unternehmen so wie Sie gestrickt, wäre es kein Problem. Doch da ich davon ausgehe, dass Sie tagtäglich unterschiedliche Kundentypen beraten, ist es sicherlich sehr interessant auch noch andere Meinungen einzuholen. Und das können Sie ganz bequem am besten in Ihrem Bekanntenkreis nachholen.

Fragen Sie einfach Ihre Freunde, Partner und auch Bekannten nach Antworten auf die oben genannten Fragen. Und wenn Sie so zirka zehn möglichst unterschiedliche Personen befragt haben, besitzen Sie schon ein großes Spektrum an Wahlmöglichkeiten. Doch Sie werden mit größter Wahrscheinlichkeit eine Menge Übereinstimmungen feststellen. Denn es gibt einfach gewisse Verhaltensregeln, die fast jeder von einem professionellen und begeisternden Verkaufsberater erwartet. Besonders bei der Frage, was der Mitarbeiter auf jeden Fall vermeiden sollte, werden Sie eine große Anzahl an Übereinstimmungen feststellen. Denn bei den störenden Faktoren sind die Erwartungen der meisten Kunden sehr ähnlich.

Damit Sie vorab schon ein paar Tipps parat haben, erfahren Sie jetzt schon einige sprachliche Möglichkeiten, die Sie unabhängig von den individuellen Wünschen Ihrer Befragten anwenden können.

Wenn Sie in ein Geschäft gehen, mit welchen Worten möchten Sie von den Mitarbeitern in diesem Geschäft begrüßt werden?

Statt des abgedroschenen „Kann ich Ihnen helfen?" verwenden Sie lieber eine W-Frage, wie zum Beispiel: „Was darf ich Ihnen zeigen?" In vielen Fällen genügen auch schon ein freundliches „Guten Tag" und danach eine kleine Sprechpause, um Ihren Kunden zu animieren, seine Wünsche mitzuteilen.

Wenn Sie sich nur umsehen möchten, mit welchen Worten sollte der Mitarbeiter reagieren?

Sicherlich ist es prima, wenn Sie mit folgenden Worten Ihrem Kunden mitteilen, dass Sie sich über seine Informationslust freuen:
„Wunderbar, dass Sie sich bei uns umsehen möchten. Gerade jetzt haben wir eine riesengroße Auswahl in allen Bereichen."

Hiermit senden Sie das Signal, dass Sie sich auch über den Informationskunden sehr freuen. Das ist wichtig, damit der Informationskunde sich auch willkommen fühlt.

„Wenn Sie irgendwelche Informationen benötigen, sprechen Sie mich oder meine Kollegen einfach an. Wir freuen uns, wenn wir Ihnen mit Rat und Tat zu Seite stehen können."

Hiermit signalisieren Sie echte Hilfsbereitschaft:

„Übrigens, gleich hier finden Sie die neuesten Artikel von XY."

Mit dieser Aussage erhöhen Sie Ihre Chancen, doch gleich ins Gespräch mit dem Kunden zu kommen. Springt Ihr Kunde auf Ihren freundlichen Hinweis nicht gleich an, ist das kein Problem, denn Sie haben ihm auf jeden Fall eine nette Information gegeben, die ihm das Gefühl vermittelt: „Auch wenn ich mich nur umsehen möchte, ist man dennoch bemüht um mich."

Bitte verwenden Sie nicht die gleichen Worte, die ich Ihnen hier aufgeschrieben habe. Achten Sie stets darauf, dass Sie Ihre ureigene Art des Sprechens beibehalten und nicht jemanden kopieren oder noch schlimmer die Sätze aus diesem Buch auswendig lernen. Denn das würde mit Sicherheit sehr antrainiert wirken. Ich möchte Ihnen hier nur ein paar Tipps vermitteln, die Ihre sprachlichen Umgangsformen aufpeppen sollen und Ihre Kunden begeistern werden.

Wenn Sie einen besonderen Wunsch haben, mit welchen Worten sollte der Mitarbeiter Ihren Wunsch aufgreifen?

Die Grundlösung zu dieser Frage haben Sie in dem oben genannten Beispiel bereits erfahren. Signalisieren Sie, dass Sie sich über den Wunsch des Kunden auf jeden Fall freuen und dass Sie bestrebt sein werden, seine Wünsche nicht nur zu erfüllen, sondern sogar noch zu übertreffen. Das könnte folgendermaßen klingen:
Kundin: *„Ich suche zu einem besonderen Anlass ein etwas ausgefallenes Kleid. Ich weiß gar nicht, ob Sie mir so etwas zeigen können."*

Verkäufer: *„Oh, das ist überhaupt kein Problem. Gerade für besondere Anlässe haben wir eine große Auswahl chicer Kleider, die sicherlich Ihre Vorstellungen noch übertreffen werden."*

Welche Fragen erwarten Sie von einem interessierten Mitarbeiter bezüglich Ihres Wunsches?

Die Antwort auf diese Frage ist sehr einfach: Alle Fragen die wirkliches Interesse an dem Kunden und an dessen Wünschen signalisieren, wie zum Beispiel:

„Wozu möchten Sie den Pullover denn kombinieren?"
„Wie ist Ihr Badezimmer denn eingerichtet?"
„Wie intensiv betreiben Sie denn Ihren Sport?"

Auf welche Faktoren legen Sie bei der Argumentation besonderen Wert?

Hierbei kommen alle Faktoren in Betracht, die mich als Kunde interessieren. Wie das mit der kundenbezogenen Argumentation funktioniert, haben Sie ja bereits in einem früheren Kapitel lesen können.

Wenn Sie anderer Meinung als der Verkaufsberater sind, mit welchen Worten sollte er Ihrer Meinung nach reagieren?

Auf keinen Fall mit den Worten: „Ja, aber...". Besser ist auf jeden Fall erst einmal das Verständnis für die andere Meinung zu signalisieren. Dies könnte zum Beispiel mit folgenden Worten geschehen:

„Da kann ich Sie sehr gut verstehen." Oder *„Von Ihrer Seite aus betrachtet erscheint die Bedienung des Tuners sicherlich auf den ersten Blick etwas kompliziert."*

Wenn Sie sich zum Kauf entschlossen haben, welche Informationen wären Ihnen dann noch wichtig?

Alle Zusatzinformationen, die für die Pflege oder für die Wartung des gekauften Artikels wichtig sind. Oftmals ergeben sich aus solchen Zusatzinformationen auch Anhaltspunkte für sinnvolle Zusatzangebote, für die Ihr Kunde sehr dankbar ist. Dies könnte folgendermaßen klingen:

„Wenn Sie das CD-Laufwerk regelmäßig mit zum Beispiel diesem Reinigungsmittel reinigen, werden Sie sicherlich sehr lange an diesem CD-Player Freude haben."

Wenn Sie sich nicht zum Kauf entschließen können, mit welchen Worten sollte der Mitarbeiter reagieren?

Auf jeden Fall sollten Sie mehr als freundlich reagieren. Eventuell könnten Sie auch noch einen eleganten Entscheidungsimpuls geben. Vielleicht in etwa so:

„Prima, überlegen Sie sich das ruhig noch einmal mit der neuen Kaffeemaschine. Auf jeden Fall war die Kapazität der Maschine für Ihre Familie mehr als ausreichend, das Design hat Sie

ja auch begeistert und die Lösung mit den Tabs ist für alle Benutzer der Maschine eine flexible und vor allem saubere Angelegenheit."

Sie werden sehen, dass Sie mit dieser Methode nicht nur Begeisterung bei unentschlossenen Kunden entfachen, sondern oftmals sogar noch einen Kaufimpuls auslösen. Denn durch die Zusammenfassung der Vorteile des jeweiligen Artikels, kann beim Kunden ein Entscheidungsauslöser gedrückt werden, der dafür sorgt, dass er doch gleich eine Entscheidung trifft. Wie auch immer Ihr Kunde sich entscheidet, hat er auf jeden Fall das angenehme Gefühl nicht bedrängt worden zu sein.

Das sollten, wie gesagt, nur ein paar Tipps für Sie sein, wie Sie sprachlich die Erwartungen Ihrer Kunden nicht nur erfüllen, sondern sogar übertreffen können. Doch befragen Sie auf jeden Fall sich selbst mit der o. a. Checkliste und befragen Sie am besten zehn Menschen aus Ihrem Bekanntenkreis. Damit erhalten Sie weiteren Input, mit dem Sie sich noch besser auf Ihre Kunden einstellen können. Und wenn Sie diese Befragung von Zeit zu Zeit wiederholen und Sie sich und Ihre Sprache immer wieder ein wenig auffrischen, steht Ihrem auch sprachlich sehr professionellen Auftritt so gut wie nichts mehr im Wege.

DAS PUZZLE-PRINZIP!

DAS PUZZLE-PRINZIP!

Wie bei diesem beliebten Spiel, setzt sich auch hier das Bild Steinchen für Steinchen zusammen. Zuerst nimmt der Kunde Ihre Körpersignale gemeinsam mit den Äußerlichkeiten Ihrer Erscheinung wahr, dann kommt er mit Ihnen ins Gespräch und dann gewinnt er nach und nach einen Gesamteindruck von Ihnen. Umgekehrt bilden auch Sie sich in Windeseile eine Meinung von Ihrem Gegenüber. So einfach funktioniert die Kontaktaufnahme zwischen Ihnen und Ihren Kunden.

Bisher haben Sie schon fleißig mit Ihrem Körper gearbeitet, Ihr Outfit auf Vordermann gebracht, Ihre Sprache verfeinert und sich einige rhetorische Tipps angeeignet. Was kann jetzt noch schief gehen? Eigentlich nichts mehr!

Und doch gibt es noch ein paar Kleinigkeiten, die den Unterschied ausmachen, zwischen einem normalen und einem professionellem Auftritt. Und eben diese Kleinigkeiten wollen wir uns in den nun folgenden Kapiteln anschauen.

Folgende Faktoren vervollkommnen Ihre Gesamtausstrahlung:

1. Die Begeisterung, die Sie ausstrahlen.

2. Die Servicebereitschaft, die Sie signalisieren.

3. Die professionelle Reaktion in Problemsituationen.

Und wenn Sie zu allem anderen auch noch diese drei Faktoren im Griff haben, dann kann wirklich nichts mehr schief gehen.

WIE KANN ICH ANDERE MIT MEINER BEGEISTERUNG MITREISSEN?

Woran Ihr Kunde Ihre Begeisterung ausmacht, das ist Ihnen mittlerweile schon bekannt. Genau: an Ihren Körpersignalen. Jetzt haben wir in dem Kapitel über die Körpersignale schon erfahren, dass Sie mit Ihren Gedanken Ihren Körper steuern. Also wissen Sie auch schon, wie Sie Ihre Begeisterung nach außen tragen.

Denken Sie begeistert,

fühlen Sie sich begeistert

und handeln Sie begeistert.

So einfach könnte man das Geheimnis einer begeisternden Ausstrahlung ausdrücken. Jetzt müssen Sie nicht, wie es schon mal anderswo empfohlen wurde – „Tsckaka" – rufend durch Ihr Geschäft rennen oder jeden Morgen über glühende Kohlen laufen, um Ihre Begeisterung zu entfachen. Ich glaube, Ihre Kunden bekämen es eher mit der Angst zu tun, als dass Sie mit diesen Verhaltensweisen eine Kaufstimmung erzeugen. Wie Sie gleich sehen werden, kann Begeisterung auch in aller Stille und mit großer Ruhe ausgedrückt werden. Menschen wie Bill Gates, Nelson Mandela oder auch Mahatma Gandhi strahlten oder strahlen eine enorme Begeisterung aus. Sie alle faszinierten und faszinieren immer noch eine große Menge Menschen. Die entscheidende Frage ist nur, wie kommt man zu dieser Begeisterung, die andere ansteckt?

Der Weg dorthin ist sehr einfach, wie Sie gleich sehen werden. Sie brauchen nämlich nur einen Menschen zu begeistern, um alle anderen Menschen in Ihrem Umfeld, also in unserem Fall Ihren Kunden damit anzustecken.

Und dieser Mensch sind Sie!

Wenn Sie nämlich wirklich von innen heraus begeistert sind, dann wecken Sie automatisch auch in Ihrem Umfeld diese Begeisterung. Also heißt die Formel der Begeisterung:

Begeistere Dich selbst!

Leichter gesagt als getan, meinen Sie? Stimmt und stimmt auch nicht, würde ich Ihnen jetzt antworten. Sie müssten sich nämlich nur eine Sache angewöhnen. Ähnlich wie in dem Kapitel über Ihre Körpersignale, müssen Sie sich nur auf die begeisternden Faktoren in Ihrem privaten und beruflichen Lebensbereichen konzentrieren, um langsam aber sicher eine permanente Begeisterung aufzubauen. Und wie das funktioniert, wissen Sie auch schon. Stellen Sie sich jeden Tag ein paar Fragen, die Ihre Aufmerksamkeit auf Ihre persönlichen Begeisterungsfaktoren lenken. Die Fragen wären zum Beispiel:

1. ***Was begeistert mich in meinem privaten Leben?***
2. ***Was begeistert mich an meinem beruflichen Leben?***
3. ***Was begeistert mich an den Menschen, die mich umgeben?***
4. ***Was begeistert mich an meinen Sortimenten?***
5. ***Was begeistert mich an meinen Kunden?***

Und wenn Sie diese fünf Fragen immer wieder beantworten, dann bekommen Sie, ob Sie wollen oder nicht auch eine begeisternde Ausstrahlung. So einfach ist das.

In meinen Seminaren stoße ich bei diesen Fragen immer wieder auf ein Problem. Und das Problem besteht in dem Wort Begeisterung. Manche Teilnehmer tun sich mit diesem Wort etwas schwer. Doch das soll kein Hindernis sein. Tauschen Sie es einfach aus mit dem Wort „Freude“. Dann würden die Fragen folgendermaßen klingen:

1. ***Was bereitet mir in meinem privaten Leben Freude?***
2. ***Was bereitet mir in meinem beruflichen Leben Freude?***
3. ***Welche Freude habe ich an den Menschen, die mich umgeben?***
4. ***Was für eine Freude habe ich an meinen Sortimenten?***
5. ***Welche Freude bereiten mir meine Kunden?***

Und wenn Ihnen auf diese Fragen immer noch nichts einfällt, habe ich noch eine Möglichkeit für Sie.

1. ***Was ist in meinem privaten Leben einigermaßen erträglich?***
2. ***Was ist in meinem beruflichen Leben einigermaßen erträglich?***
3. ***Was ist an den Menschen, die mich umgeben einigermaßen erträglich?***
4. ***Was finde ich an meinen Sortimenten einigermaßen erträglich?***
5. ***Was ist an meinen Kunden einigermaßen erträglich?***

Wenn Ihnen auch auf diese Fragen nichts einfällt, wird es höchste Zeit, dass Sie an Ihrem Leben einiges ändern. Doch Spaß beiseite. Ob Sie bei der Beantwortung der Fragen das Wort Begeisterung oder Freude einsetzen, ist letztendlich egal. Was ich Ihnen mit den drei Varianten der fünf Fragen zeigen wollte, ist, dass manche Menschen einfach nur wieder lernen müssen, Ihre persönlichen Begeisterungsfaktoren zu entdecken. Der schnellste Weg dorthin führt über die oben angegebenen Fragen. Natürlich findet fast jeder Mensch begeisternde Faktoren in seinem Leben. Das Problem hierbei ist nur, dass sich die wenigsten Menschen diese Faktoren bewusst machen. Oder noch schlimmer: Die so genannten Begeisterungsfaktoren werden vielen Menschen erst dann bewusst, wenn diese nicht mehr vorhanden sind. Wenn also ein Mensch seinen Arbeitsplatz verliert, wird ihm meist erst im Nachhinein bewusst, wie wichtig und letztendlich auch begeisternd die Arbeitsstelle war, die man hatte. Wenn Menschen von ihrem Partner verlassen werden, wird ihnen meistens erst so richtig klar, wie begeisternd dieser Partner in all den Jahren war. Wenn in einem Unternehmen die Kunden wegbleiben, wird diesem Unternehmen zu spät bewusst, wie begeisternd gerade diese Kunden früher immer eingekauft haben. Verstehen Sie, was ich damit meine?

Immer wenn wir etwas verlieren, wird uns bewusst, wie sehr wir diese Sache oder auch diesen Menschen geschätzt haben. Ein klassischer Spruch aus dieser Lebensschule ist: Früher war alles viel besser! Wenn Sie diesen Spruch einmal ganz objektiv betrachten, entpuppt sich dieser Spruch als der größte Unsinn, der je von Menschen fabriziert wurde. Denn es gab noch nie so viel Wohlstand, noch nie so kurze Arbeitszeiten und noch nie so viele Möglichkeiten sein Leben angenehm zu gestalten, wie gerade in der heutigen Zeit. Doch Sie können sicher sein, dass in zehn oder auch in zwanzig Jahren, dieselben Menschen, die heute behaupten: „Früher war alles besser“, das gleiche über die heutige Zeit sagen werden.

Das halte ich für einen besonders großen Unsinn. Denn diese Verhaltensweise führt zu einer permanenten Unzufriedenheit und vor allen Dingen zu der fehlenden Begeisterung, die man aber braucht, um sich selbst und nebenbei auch seine Kunden zu begeistern. Also, machen Sie sich lieber hier und heute auf die Suche nach Ihren momentanen Begeisterungsfaktoren. Begeistern Sie sich damit selbst, Ihr Umfeld und auch Ihre Kunden. Und genau aus diesem Grund finden Sie nun noch einmal die fünf oben angegeben Fragen in der folgenden Checkliste:

1. Was begeistert mich in meinem privaten Leben?

....

....

2. Was begeistert mich an meinem beruflichen Leben?

....

....

3. Was begeistert mich an Menschen, die mich umgeben?

....

....

4. Was begeistert mich an meinen Sortimenten?

....

....

5. Was begeistert mich an meinen Kunden?

....

....

Sofern Sie Ihre mitreißende Ausstrahlung wirklich auf Vordermann bringen möchten, dann stellen Sie sich sogar täglich diese Frage:

Was hat mich heute wieder begeistert?

Ich verspreche Ihnen, dass Ihnen mit einiger Übung jeden Tag eine Menge zu dieser Frage einfallen wird. Denn es passieren uns tagtäglich Dinge, die uns begeistern können, wenn wir diese Situationen bewusst wahrnehmen. Und nur darum geht es bei der Entwicklung einer begeisternden Ausstrahlung, die auf andere abfärbt.

Trainieren Sie Ihre Wahrnehmung, dann stehen Sie nicht nur zufrieden, sondern begeistert in Ihrem Geschäft. Das macht richtig Spaß, und Sie haben dadurch eine Ausstrahlung, die Sie heutzutage auch gut gebrauchen können, um Kunden zu begeistern. Und alle Situationen, die in Ihrem Leben weniger begeisternd sind, meistern Sie aus Ihrer neu gewonnenen Begeisterung heraus bedeutend leichter als früher.

Ob Sie letztlich „Hurra"-rufend oder einfach nur Begeisterung ausstrahlend durch Ihr Geschäft laufen, ist unerheblich für Ihren Spaß an der Arbeit und für den Erfolg, den Sie sich wünschen. Ihr Körper signalisiert Ihren Kunden auf jeden Fall:

Hier erwartet Dich ein Mensch, der Spaß und Freude daran hat, Dich begeisternd zu beraten!

Sollten Sie die fünf Fragen noch nicht beantwortet haben, wird es spätestens jetzt allerhöchste Zeit. Wenn Sie allerdings noch mehr über erfolgreiche Begeisterungsstrategien erfahren möchten, empfehle ich Ihnen als zusätzliche Lektüre mein Buch „Begeistere Dich selbst!", das mittlerweile auch als Hörbuch erschienen ist.

STETS UND WIRKLICH GERN ZU DIENSTEN!

„Ja, das Kleid kann ich Ihnen aus dem Fenster holen.“ „Das Rennrad könnten wir Ihnen bis übermorgen fertig machen.“ „Die Freisprechanlage für Ihr Auto würden wir Ihnen dann gerne bestellen!“

All das sind Aussagen, die zwar Servicebereitschaft signalisieren, doch mit einer begeisternden Servicebereitschaft haben diese Sätze recht wenig zu tun. Aber genau das erwarten Ihre Kunden von Ihnen.

Immer mehr Unternehmen überlegen sich heute, wie Sie ihre Kunden mit noch mehr Serviceangeboten locken und überzeugen können. Das fängt an mit dem fast schon obligatorischen Kaffee oder mit diversen Getränkeautomaten in vielen Fachabteilungen. Besondere Events, wie Modenschauen, italienische Wochen oder Vernissagen sind ebenfalls bereits an der Tagesordnung in vielen Einzelhandelsunternehmen. Angefangen bei Hosen kürzen in einer Stunde bis hin zum Bringservice in Feinkostläden gibt es kaum noch Serviceangebote, die es nicht gibt.

Doch all diese Serviceleistungen sind nichts wert, wenn nicht die Mitarbeiter in diesen Unternehmen von dem Gedanken durchdrungen sind, den Kunden mit einer gigantischen Servicebereitschaft zu begeistern.

Denn was nützt der Service die gewünschten Artikel aus dem Schaufenster zu nehmen, wenn man als Kunde das Gefühl hat den Verkäufer mit dieser Bitte zu überlasten? Was nützt der beste Werkstattservice für Fahrräder, wenn man das Gefühl hat die Werkstatt mit diesem Wunsch zu überfordern? Und was nützt der Sonderbestellservice, wenn der Mitarbeiter über den ganzen Schreibkram fast zu stöhnen anfängt?

In solchen Fällen können Sie die imagebildende und kundenbindende Kraft all dieser Serviceangebote vergessen. Denn die Kunden haben heutzutage keine Lust, sich als Störenfried zu fühlen. Bei der heutzutage herrschenden Angebotsfülle auf dem Markt stößt dieser Kunde früher oder später auf ein Unternehmen, das die gleichen Serviceleistungen mit einer wirklichen Begeisterung und Freude anbietet. Und dann wandert er eben zu diesem Mitbewerber ab.

Damit das in Ihrem Fall eben nichts so passieren kann, gibt es ein einfaches Gegenmittel.

Bieten Sie all Ihre Serviceleistungen mit einer umwerfenden Begeisterung an!

Und das funktioniert ganz einfach:

1. Sie begeistern sich selbst für Ihre Serviceleistungen.

2. Sie teilen diese Begeisterung Ihrem Kunden mit begeisternden Worten mit.

3. Sie zeigen Ihrem Kunden, dass Sie ihm diesen Service nicht nur anbieten, sondern auch mit riesengroßer Freude erfüllen werden.

Für den ersten Schritt benötigen Sie eine kleine Checkliste, in der Sie all Ihre Service Leistungen eintragen. Mit Hilfe dieser Checkliste machen Sie sich einfach bewusst, was Sie Ihren Kunden so alles anbieten. Seien Sie ruhig ein wenig Stolz darauf, welche Serviceleistungen Sie im Programm haben.

Fällt Ihnen beim Ausfüllen dieser Liste zum Beispiel auf, dass Sie diesen oder jenen Service noch zusätzlich anbieten könnten, sprechen Sie einfach mit den zuständigen Kollegen im Unternehmen darüber und überlegen Sie sich gemeinsam, ob Sie diesen Service noch zusätzlich in Ihr Angebot aufnehmen wollen.

MEINE SERVICE-CHECKLISTE:

Folgende Serviceleistungen können wir unseren Kunden anbieten:

1. ....

2. ....

3. ....

4. ....

5. ....

Folgende Serviceleistungen könnten wir zusätzlich anbieten:

1. ....

2. ....

3. ....

4. ....

5. ....

Um den zweiten Schritt mit Begeisterung auszuführen, überlegen Sie sich nur ein paar Formulierungen, wie Sie mit Freude Ihren Service anbieten können. Folgende Sätze können hier als Anregung dienen:

„Und außerdem haben wir einen professionellen Werkstattservice, der jedes Problem in kürzester Zeit beheben kann."

„Wenn Sie einen Änderungswunsch haben, können Sie sich darauf verlassen, dass Ihnen unsere Damen im Atelier diesen professionell erfüllen."

Am besten Sie notieren sich gleich ein paar Sätze, mit denen Sie Ihren vorhandenen Service anbieten können. Achten Sie aber darauf, dass Sie bei der Formulierung Ihre persönliche Sprache gebrauchen, damit das Ganze auch natürlich wirkt. Meine Vorschläge sind bewusst allgemein formuliert, damit jeder Leser seine eigenen Worte nutzen kann.

MEINE FORMULIERUNGEN:

Zu Service 1

Zu Service 2

Zu Service 3

Zu Service 4

Zu Service 5

Und für den dritten Schritt polieren Sie einfach Ihre Sprache folgendermaßen auf: Sie bestücken Ihre Sätze der Serviceerfüllung mit Worten wie „sehr gerne“ oder „es ist mir ein Freude“. Und schon klingt Ihre Servicebereitschaft begeisternd. Dabei dürfen die Sätze allerdings nicht zu geschraubt wirken, da sie sonst unglaubwürdig wirken. Bleiben Sie also immer im Rahmen einer ehrlichen Begeisterung.

Auch für diese Situationen notieren Sie sich am besten gleich ein paar Sätze, mit denen Sie Ihren Kunden den gewünschten Service erfüllen:

MEINE FORMULIERUNGEN:

Sonderbestellungen erfülle ich mit folgenden Sätzen:

....

....

....

....

Reparatur- bzw. Änderungswünsche erfülle ich mit folgenden Sätzen:

....

....

....

....

Ware aus dem Lager hole ich mit folgenden Sätzen:

....

....

....

Komplett könnten sich Ihre Serviceangebote dann folgendermaßen anhören:

„Wenn Sie irgendeinen Sonderwunsch haben, dann können Sie sich zu 100% darauf verlassen, dass unsere Werkstatt diesen professionell erfüllt. Ihr Mountainbike bringe ich sofort in unsere Werkstatt und frage sehr gerne nach, ob es heute schon startklar zu machen ist. Wenn Sie in der Zwischenzeit etwas trinken möchten, mache ich Ihnen gerne einen leckeren Espresso bereit. Bis Sie diesen ausgetrunken haben, kläre ich für Sie, wann Sie Ihr tolles Fahrrad abholen können."

Wenn Sie dann Ihre Serviceangebote auch noch mit einem strahlenden Lächeln anbieten und Ihr Körper Ihre Begeisterung unterstreicht, dann signalisieren Sie die begeisternde Servicebereitschaft, die Sie heutzutage benötigen, um die beste Mund-zu-Mund-Propaganda in Ihrem Einzugsgebiet zu erreichen. Mit der Zeit werden Sie sich vor Kunden gar nicht mehr retten können. Probieren Sie es aus, und Sie werden sehen, dass dies die beste Möglichkeit ist, seinen Kundenkreis zu erweitern. Denn wenn Sie Ihre Kunden auf diese Art und Weise mit Ihren Serviceangeboten begeistern, werden diese zu den besten Werbeträgern, die Sie sich und Ihr Unternehmen wünschen können.

SOUVERÄN IN ALLEN LEBENSLAGEN!

Problemsituationen sind die allerbeste Möglichkeit Kunden an sich zu binden und seinen professionellen Auftritt zu untermauern.

Zu solchen Problemsituationen gehören Beschwerden, Reklamationen oder auch nur Einwände Ihrer Kunden. Wer in diesen kritischen Momenten meisterlich reagiert, ist wahrhaft ein Profi im Umgang mit seinen Kunden.

Allgemein wird im Handel oft behauptet, dass die Problemsituationen immer mehr zunehmen. Das ist auch tatsächlich so. Denn die Kunden werden immer aufgeklärter und selbstbewusster. Jetzt könnte man daraus schließen, dass damit der Umgang mit den Kunden immer härter wird. Doch das Gegenteil ist der Fall. Warum dem so ist, werden Sie gleich erkennen.

Die Kunden, die sich nicht bei Ihnen beschweren oder reklamieren, obwohl Sie vielleicht Grund dazu hätten, sind meistens verlorene Kunden. Reklamiert dagegen ein Kunde, ist das eine riesengroße Chance für Sie, diesen Kunden zu erhalten und ihn sogar zu einem Werbeträger umzuwandeln. Das ist sicherlich für viele Einzelhändler zunächst ein etwas ungewöhnlicher Gedanke. Doch denken Sie dabei einmal an Ihre eigenen Erlebnisse.

Wenn Sie in einem Lokal mit dem Essen nicht zufrieden sind, gibt es zwei Möglichkeiten. Die eine ist, Sie beschweren sich beim Kellner. Die andere ist, Sie beschweren sich nicht. Wenn Sie sich nicht beschweren, wie oft werden Sie noch in das Lokal gehen? Wahrscheinlich nie mehr. Das Schlimme daran ist, dass die Mitarbeiter des Restaurants so gar keine Chance hatten, ihren Fehler wieder gut zumachen. Denn weil Sie sich nicht beschwert haben, erfährt die Küche nie, welchen Fehler sie gemacht hat.

Nun können Sie einmal selbst überlegen, wie oft Sie oder auch Ihre Bekannten schon einmal etwas vorgesetzt bekamen, was nicht Ihren Vorstellungen entsprochen hat. Und wie oft wurden diese Speisen kommentarlos liegen gelassen? Welches Verhalten überwiegt bei den meisten Gästen, das klärende Reklamationsverhalten oder das stille Herunterschlucken, im wahrsten Sinne des Wortes? Im Normalfall entscheidet sich der enttäuschte Gast für das stille Herunterschlucken und die Konsequenz dieses Restaurant nicht mehr aufzusuchen.

Genauso verhält es sich auch mit den Kunden im Einzelhandel. Auch wenn Sie es sich momentan nicht vorstellen können. Die meisten Kunden beschweren sich nicht, wenn einmal etwas schief gelaufen ist. Sie kommen einfach nicht mehr wieder. Und das ist doch wirklich sehr schade für die jeweiligen Unternehmen. Denn diese haben nun keine Chance mehr ihren oder den Fehler des Lieferanten wieder gut zu machen.

So gesehen ist es vernünftiger, die Entwicklung, dass in den letzten Jahren das Reklamationsverhalten zugenommen hat, zu begrüßen. Auch wenn es im Moment nicht angenehm ist, Kritik einzustecken.

Die entscheidende Frage ist nun, wie reagiert ein Profi auf Beschwerden oder auch Reklamationen? Nach dem, was Sie soeben erfahren haben, müsste Ihnen der erste Schritt bei jeder Reklamationsbearbeitung schon klar sein.

Sie bedanken sich für die Reklamation.

Ja, Sie haben richtig gelesen, Sie sollen sich für jede Beschwerde und für jede Reklamation bedanken. Erstens überraschen Sie Ihren Kunden mit dieser Reaktion und zweitens signalisieren Sie Ihrem Kunden, dass Sie dankbar sind für seinen Hinweis, mit dem er Ihnen und dem Unternehmen noch mal eine Chance gibt.

Dann folgt der zweite Schritt:

Sie zeigen Verständnis für seinen Ärger oder seine Enttäuschung.

Hiermit vermitteln Sie ein sehr wichtiges Gefühl. Nämlich das Gefühl verstanden zu werden. Und wenn Sie einzig und allein diese beiden Schritte anwenden, erreichen Sie mit Ihrem professionellen Auftritt eine Grundstimmung, die zum einen dem Kunden den Wind aus den Segeln nimmt und die ihn zum anderen zu einem weiteren Werbeträger für Ihr Unternehmen werden lässt.

Voraussetzung ist natürlich, dass auf diese beiden Schritte eine großzügige und schnelle und unbürokratische Reklamationsbearbeitung folgt. Warum und weshalb Reklamationen heutzutage großzügig behandelt werden sollen, dass dürfte mittlerweile jedem Unternehmen auf der Welt klar sein. Wenn dies in Ihrem Unternehmen noch nicht so ist, dann empfehle ich Ihrer Unternehmensleitung mein Buch „Der begeisterte Verkäufer!“. In diesem Buch wird auch die zeitgemäße Reklamationsbearbeitung ausführlich beschrieben.

Doch wie auch immer die Anweisungen zur Reklamationsbehandlung in Ihrem Unternehmen im Detail sind, Sie haben mit den oben angegebenen Schritten auf jeden Fall alles getan, um Ihren persönlichen, professionellen Auftritt optimal zu gestalten. Sie können sich freuen, dass Sie diese Bewährungsprobe souverän überstanden haben und dass sich die anfängliche Verärgerung des Kunden in Zufriedenheit, wenn nicht gar in Begeisterung aufgelöst hat. Das ist ja schließlich auch etwas worauf man stolz sein kann und worüber man sich freuen darf.

Das Ganze könnte sich dann folgendermaßen anhören:

Kunde: *„Mit diesem CD-Player, den ich vorgestern gekauft habe, bin ich völlig unzufrieden. Bei fast jedem Titel bleibt er hängen. Das ist ein ganz schöner Mist, den Sie mir da angedreht haben."*

Verkäufer: *„Erst einmal vielen Dank, dass Sie gleich zu mir gekommen sind. Da kann ich Sie sehr gut verstehen, dass Sie sich über diesen CD-Player ganz schön geärgert haben. Als kleine Entschädigung für Ihren Ärger biete ich Ihnen jetzt erst einmal einen Kaffee an und in der Zwischenzeit überprüfe ich das Gerät. Falls wir den Fehler nicht beheben können, werde ich Ihnen selbstverständlich ein neues Gerät bereit stellen lassen, das ich allerdings gleich hier an Ort und Stelle überprüfen werde, damit Sie zu Hause auf jeden Fall einen einwandfreien Hörgenuss haben."*

So und nicht anders sieht heutzutage der professionelle Auftritt eines Topverkäufers in Problemsituationen aus. Das ist Kundenbegeisterung pur. Und ich verspreche Ihnen, dass Ihre unerfreulichen Gesprächssituationen mit Ihren Kunden auf diese Art und Weise rapide abnehmen werden. Selbst wenn es sich um eine unberechtigte Reklamation handelt und Sie danach nicht so großzügig handeln können, ist Ihr

Kunde bei so einem Empfang bedeutend zugänglicher, als wenn Sie vielleicht missmutig seine Beschwerde bearbeiten. Denn solch einer verständnisvollen und begeisterten Reklamationsbearbeitung können sich nur wenige Zeitgenossen entziehen.

Diese Art der Kundenbegeisterung wenden Sie am besten in allen Problemsituationen an. Das können Lieferverzögerungen sein oder auch einmal Dinge, die in Ihrer Werkstatt daneben gelaufen sind. Ganz egal, um welche Beschwerde oder auch um welchen Wunsch es sich bei Ihren Kunden handelt, denken Sie stets daran: Es ist eine einmalige Chance dem Kunden zu zeigen:

Wir wollen Dich in jeder Lebenslage begeistern!

DAS DREHBUCH:

SO MACHT VERKAUFEN RICHTIG SPASS!

DAS DREHBUCH: SO MACHT VERKAUFEN RICHTIG SPASS!

Wie Sie gesehen haben, gibt es allerlei Dinge zu beachten, bevor es heißt: Bühne frei für Ihren Auftritt! Damit Sie täglich neu das Stück „So macht Verkaufen richtig Spaß!" einstudieren und professionell umsetzen können, schauen wir uns jetzt noch einmal die wichtigsten Sätze an.

Im Mittelpunkt allen Handelns stehen Sie!

Das ist die erste Aussage, die Sie sich verinnerlichen können. Machen Sie sich täglich bewusst, dass Sie der Nr. 1 Faktor für Ihren Unternehmenserfolg sind. Je serviceorientierter Sie sich Ihren Kunden gegenüber verhalten, desto mehr steigt das Einkaufserlebnis Ihrer Kunden.

Denken Sie stets daran, Sie verbringen Ihre persönliche Lebenszeit in Ihrem Unternehmen. Jede Sekunde, die Sie mit Begeisterung und Freude in Ihrem Unternehmen verbringen, erhöht den Freude-Anteil in Ihrem Leben.

Und außerdem strahlt die Freude, die Sie auf Ihre Kunden ausstrahlen unweigerlich auf Sie zurück. Das heißt, Sie belohnen mit Ihrer begeisternden Ausstrahlung in aller erster Linie sich persönlich.

Ihr äußeres Erscheinungsbild ist der erste Eindruck, den Ihr Kunde wahrnimmt.

Wenn Sie diesen ersten Eindruck optimal gestalten, dann machen Sie sich und Ihren Kunden das Leben bedeutend leichter.

Achten Sie daher am besten auf ein sehr gepflegtes und dem Unternehmensniveau angepasstes Outfit und auf Ihre sympathische Ausstrahlung. Steuern Sie Ihre Körpersignale mit begeisternden Gedanken und denken Sie stets daran: Ihr Körper kann nicht lügen. Konzentrieren Sie sich auf die Stärken Ihres Unternehmens, auf die Kompetenz Ihrer Sortimente. Besinnen Sie sich auf Ihre beachtlichen und hoch geschätzten Fähigkeiten und freuen Sie sich auf Ihre Kunden. Mit diesem Erfolgsrezept strahlt Ihr Körper automatisch Begeisterung pur aus.

Achten Sie auf die Abstandsreaktionen Ihrer Kunden und halten Sie den vom Kunden gewünschten Abstand ein. So schaffen Sie schon einmal die räumliche Grundlage für eine angenehme Gesprächsatmosphäre.

Werden Sie zum freundlichsten Verkaufsberater oder zur freundlichsten Verkaufsberaterin dieser Welt!

Geben Sie sich nicht mit weniger zufrieden. Und das schaffen Sie am einfachsten mit der Erfolgsformel: LMAA! Und wenn Ihnen ab und zu einmal nicht zum Lächeln zu Mute sein sollte, dann erinnern Sie sich einmal an die positiven Auswirkungen des Lachens auf Ihre eigene Psyche. Und ich bin sicher, allein dieser Gedanke hilft Ihnen schon wieder ein wenig mehr zu lächeln. Ihre Glückshormone danken es Ihnen. Wenn Sie dann noch ein wenig auf Ihre Gestik achten und Ihre Arme und Ihre Hände gekonnt einsetzen, aktivieren Sie nicht nur Ihre Kunden, sondern unterstreichen auch sichtbar Ihre Begeisterung.

Der Ton macht die Musik.

Und auch hier hilft Ihnen ein Lächeln, Ihre Stimme sympathisch erklingen zu lassen. Im Übrigen passen Sie Ihren Ton dem jeweiligen Kunden an und schon können Sie sicher sein, dass Sie den für diesen Kunden richtigen und angenehmen Ton gefunden haben.

Auch wenn Ihre Worte nur 7-prozentigen Anteil an der gesamten Überzeugungsarbeit leisten, sind diese 7% unerlässlich für Ihren begeisternden Auftritt.

Stellen Sie mit Ihren Argumenten besonders die Wünsche Ihrer Kunden in den Vordergrund.

Mit dieser Vorgehensweise geben Sie automatisch Ihren Kunden das Gefühl, im Mittelpunkt des Verkaufsgeschehens zu stehen.

Erweitern Sie beharrlich Ihren Wortschatz und sorgen Sie dafür, dass Sie Ihre Sprache so abwechslungsreich wie möglich gestalten. Dann können Sie sich auch sprachlich bedeutend leichter auf Ihre Kunden einstellen und auch einen sprachlichen Gleichklang aufbauen. Integrieren Sie die Lieblingsworte der Kunden in Ihre Formulierungen und schon vermitteln Sie allen Kunden vertraute Gefühle. Daraus erwächst Vertrauen.

Wenn es Ihnen gelingt, dann noch Ihre Argumente und Aussagen positiv zu formulieren, begeistern Sie Ihre Kunden auch sprachlich. Und schon sind Sie wieder einen enormen Schritt weiter mit Ihrem professionellen Auftritt.

Statt mit abgedroschenen Phrasen begrüßen Sie Ihre Kunden mit herzlicher Freude und bringen diese Freude auch mit Begeisterung sprachlich zum Ausdruck. Bei Sonderwünschen vermitteln Sie Ihren Kunden das Gefühl, dass diese nicht nur erfüllt werden, sondern diese von Ihnen sogar mit einer riesengroßen Begeisterung übertroffen werden. Die Einwände Ihrer Kunden nutzen Sie am besten, um Ihren Kunden Verständnis zu signalisieren. Das unterscheidet Sie als Profi von den Amateuren, die sofort mit Gegenargumenten arbeiten und damit ungewollt Widerstände beim Kunden aufbauen.

Haben sich Ihre Kunden einmal zum Kauf entschlossen, geben Sie einfach als kleines Extra ein paar zusätzliche Informationen über die Pflege oder Wartung Ihrer Ware als Zusatznutzen dazu. Das erfreut nicht nur Ihre Kunden, sondern erweitert auch Ihre Chancen für mögliche Zusatzverkäufe. So läuft ein wirklich professionelles Abschlussmanagement.

Zögert ein Kunde und kann sich nicht gleich zum Kauf entschließen, reagieren Sie als Profi einfach nur herzlich und freundlich, um mit einer Zusammenfassung der Kundenvorteile eventuell doch noch eine sanfte Kaufentscheidung bei Ihren Kunden herbeizuführen. Zögert Ihr Kunde trotz Ihres begeisternden Auftritts seine Kaufentscheidung dennoch hinaus, verabschieden Sie ihn mit Ihrer begeisternden Ausstrahlung so, dass er sich auf jeden Fall auf das nächste Zusammentreffen mit Ihnen freut. Mixen Sie nun täglich einen Cocktail aus diesen Zutaten und der Spaß am Verkaufen stellt sich von selbst ein:

Sie verquicken Ihre begeisternden Körpersignale mit Ihrer professionellen Sprache, geben Sie einen Schuss persönliche Begeisterung, eine große Portion Servicebereitschaft und die richtige Dosis Souveränität in Problemsituationen hinzu, dann steht Ihrem begeisternden Auftritt absolut nichts mehr im Wege.

Um sich Ihre persönlichen Begeisterungsfaktoren immer wieder bewusst zu machen, fragen Sie sich am besten täglich:

Was hat mich heute wieder begeistert?

Ihre Servicebereitschaft bringen Sie folgendermaßen auf Vordermann:

Führen Sie sich Ihre vorhandenen Serviceleistungen vor Augen und seien Sie ruhig ein bisschen Stolz auf diese Leistungen und auch auf Ihr Unternehmen, das diese Servicebereitschaft überhaupt ermöglicht. Weisen Sie Ihre Kunden mit großer Freude auf die Serviceleistungen Ihres Unternehmens hin und übertreffen Sie dann die Servicewünsche Ihrer Kunden mit Ihrer begeisternden Ausstrahlung.

Und sollte es dennoch einmal Beschwerden bzw. Reklamationen geben, dann bedanken Sie sich wie ein Profi für jeden Hinweis Ihrer Kunden auf eventuelle Schwachstellen oder auch für Material bedingte Reklamationen. Versetzen Sie sich in die Lage Ihrer Kunden und vermitteln Sie Ihren Kunden das Gefühl:

Ich kann Dich verstehen!

Wenn Sie all diese kleinen Tipps mit Leben erfüllen, dann steht Ihrem begeisternden und professionellen Auftritt wahrlich nichts mehr im Wege.

So macht Verkaufen richtig Spaß! Ein erfülltes Leben und nebenbei noch begeisterte Kunden sind dann der Lohn für Ihre Professionalität.

Und genau diesen Spaß wünsche ich Ihnen
von ganzem Herzen.

Ihr Andreas Nemeth

DER AUTOR STELLT SICH VOR

[illegible]

[illegible]

DER AUTOR STELLT SICH VOR

Andreas Nemeth ist seit mehr als 20 Jahren erfolgreich als Autor und Trainer tätig. Als Vordenker einer menschlichen Unternehmensphilosophie zeigt er bei seiner Tätigkeit als Coach erfolgreichen Unternehmen und Persönlichkeiten aus den verschiedensten Bereichen, wie sie ihre Leistungspotenziale entdecken und vor allem nutzen. Seine NEMETH-ERFOLGSTRAININGS® beinhalten die entscheidenden Themen: Motivation, Kommunikation, Verkauf und Führung.

Alle Trainings basieren auf der von Andreas Nemeth entwickelten NEMETH-ERFOLGSMETHODE©, die auf dem Prinzip Menschlichkeit beruht und welche den messbaren Erfolg in den von ihm betreuten Menschen und Unternehmen ausmacht. Die von ihm entwickelte PLUS-TRAININGSMETHODE© bildet eine fundierte Grundlage für die Trainerausbildung.

Außerdem veröffentlicht der Erfolgsautor Bücher und Beiträge in Fach- und Publikumszeitschriften zu den Themen „Erfolgreiches Selbstmanagement, professionelles Coaching, persönliche Erfolgs- und Glücksstrategien, überzeugende Kommunikation, begeisternde Verkaufsmethoden und motivierende Führung“.

Informationen über Trainings, Vorträge und Bücher von Andreas Nemeth erhalten Sie unter folgender Adresse:

Andreas Nemeth, Training + Beratung
Lessingstraße 32 · 97688 Bad Kissingen
Telefon +49. (0)971. 651 84 · Telefax +49. (0)971. 604 56
E-Mail: info@nemeth-training.de
Homepage: www.nemeth-training.de

BÜCHER

Weitere Bücher von Andreas Nemeth:

Erfolg fällt nicht vom Himmel
Via Nova

Glücklichsein in jeder Lebenssituation
Via Nova

Die Serviceoase
NEW Verlag

So macht Verkaufen richtig Spaß
NEW Verlag -

Über-lebe
NEW Verlag

Lebensgewinner
NEW Verlag

Reden ist Silber, Überzeugen ist Gold!
NEW Verlag

Das ganze Jahr gut drauf!
NEW Verlag

Begeistere Dich selbst!
NEW Verlag

Der begeisterte Verkäufer
NEW Verlag